ZHI YOU XI JIE
ZUI DONG REN

求真 / 选编

只有细节
最动人

民主与建设出版社
·北京·

©民主与建设出版社，2014

图书在版编目(CIP)数据

只有细节最动人 / 求真选编. — 北京：民主与建设出版社，2014.10

ISBN 978-7-5139-0421-6

Ⅰ.①只… Ⅱ.①求… Ⅲ.①成功心理 – 通俗读物 Ⅳ.①B848.4-49

中国版本图书馆CIP数据核字(2014)第191525号

只有细节最动人

ZHI YOU XI JIE ZUI DONG REN

出 版 人	许久文
编　　者	求　真
责任编辑	程　旭
策　　划	学海伟业
装帧设计	李俏丹
出版发行	民主与建设出版社有限责任公司
电　　话	（010）59417747　59419778
社　　址	北京市海淀区西三环中路10号望海楼E座7层
邮　　编	100142
印　　刷	北京建泰印刷有限公司
版　　次	2014年11月第1版
印　　次	2020年5月第2次印刷
开　　本	880mm×1230mm　1/32
印　　张	9
字　　数	180千字
书　　号	ISBN 978-7-5139-0421-6
定　　价	36.00元

注：如有印、装质量问题，请与出版社联系。

控制住自己的嘴

栀子花不开在冬天	……………	003
用生命去爱	……………	011
通往天国的阶梯	……………	014
生死拥抱	……………	017
财富不一定是幸福	……………	022
匠　心	……………	023
爱需要飞蛾扑火的勇气	……………	026
勒格森的长征	……………	033
废话其实也可爱	……………	038
爱的花园	……………	041
控制住自己的嘴	……………	044

装满谎言的篮子

创造奇迹的人	……………………	049
兄　弟	……………………	053
灵魂的太阳照耀北极	……………………	059
活　着	……………………	062
父亲的琴	……………………	066
一只手的力量	……………………	071
吾家有女正成长	……………………	079
童心未泯的人	……………………	083
装满谎言的篮子	……………………	090

十七岁的夏天

暗恋的孤独	....	097
清　白	....	099
最美的星星	....	103
经年爱情	....	107
向青蛙投降	....	113
十七岁的夏天	....	118
生命之吻	....	124
最强壮的人	....	128
最动听的声音	....	133
最美好的回忆	....	136

 目录

跨出去的勇气

不想出院的老人	……………………	145
栀子花开	……………………	147
不让结果变质	……………………	152
情　书	……………………	158
碗	……………………	161
危险人物	……………………	164
站起来	……………………	168
明月照进我的窗	……………………	171
跨出去的勇气	……………………	178
改变一生的一天	……………………	182
我的牛仔生涯	……………………	186
娘的坚强	……………………	192

只有细节最动人

握　手	…………	199
父亲的钢琴	…………	203
独　舞	…………	208
朋　友	…………	215
一包一美元的种子	…………	219
只有细节最动人	…………	223
阳光的皮肤	…………	225
转身即是天涯	…………	229

永不变更的地址

不懂什么叫放弃	………………	239
请让我离开你	………………	242
在大雨天倾听罗比的哨声	………………	247
怀念那一年	………………	250
换　心	………………	257
对爱的回报方式	………………	261
永不变更的地址	………………	266
爱的味道，不曾远离	………………	268
爱一场	………………	273

01

控制住
自己的嘴

栀子花
不开在冬天

陈栀子17岁的时候,念高二。上课的时候,身后总是有人注视自己,转回头,便看到冬天。天气冷,冬天却穿得少,不过是一件薄薄的毛衣,他是一直看着自己吧,眼光撞在一起,反而不知道怎么办才好,就傻傻地笑。

那天以后,他们在校园里遇见,总是心如鹿撞,常常是什么都没有说,便一溜烟地跑掉了。

早恋的消息不知怎么被栀子的父母知道了,母亲赶到学校,当着老师的面,当着同学的面,责问谁是冬天,当着大家的面,训斥栀子不争气,还打了她两个耳光。

栀子哭了整整一个下午,两天后,就转学了。栀子想她和冬天,再也不会遇见了。

其实,他们之间,并没有什么的,虽然有那些心跳的遇见,也只是互相有好感,只是互相鼓励,约定一定要考上大学而已。

只是,高中的他们,便这样分开了。

[01]

后来,栀子真的考上大学了。她一直记得自己和冬天的约定,所以一直那么努力,她知道冬天也一定是努力的,因为在大学里,冬天给她写信了。

在信里,冬天说,栀子,你好吗?冬天说他辗转知道栀子考上大学的消息了,说自己也到了北方上学,只是栀子在沈阳,冬天在长春罢了。

冬天偶尔也说起自己的校园,自己的大学生活,更多的是关心栀子,关心她独自在北方,一切都好吗?他常给栀子寄东西,有时候是长春的特产,有时候是大包小包的饼干和栀子喜欢的牛肉干。

冬天到栀子的校园看她,是大二的春天了,那是他们高中后第一次见面。天气并没有太温暖,冬天照例穿得少,只是一件薄薄的衬衫。他长高了,壮了,晒黑了,笑起来牙齿又整齐又洁白。栀子带冬天参观校园,他们一起在食堂吃饭,一起牵手在校园里聊天,一起在樱花树下偷偷地接吻。

[02]

那是栀子生命里最美好的春天。改变发生在大三的时候。

爸妈来沈阳看栀子，栀子告诉他们自己和冬天又在一起了。其实大学里的恋爱，父母已经不反对了。只是，当栀子说出那个人是冬天，说冬天就在长春念书，父母却反对了。

母亲冷笑着，说冬天说谎了，他根本没有考上大学。冬天后来的消息，栀子的父母倒是知道不少。他原本也那么努力地学习，但是高考的时候发挥不好，便没有考上。冬天其实没在长春，栀子考上了沈阳的大学，他便到沈阳打工了，他说自己考上大学，不过是在骗栀子罢了。

栀子不相信，父母打了电话，辗转要了冬天在沈阳的地址，栀子便去找冬天了。在沈阳的城西，在那个小小的、冬天很冷、夏天很热的木头的屋子里，栀子便见到冬天了。

不仅是冬天，栀子还见到自己的好朋友沈冰。

沈冰披着的外套是冬天的，沈冰那么瘦，冬天的黑色外套将她整个地淹没了，他们正说着什么，沈冰的小脸那么白皙，看到栀子便呆住了。冬天也呆住了，不知道该说什么才好。

栀子想起冬天第一次到自己的学校，在楼下等自己，来来往往的女生对他看了又看，想起她们说：栀子，你的男朋友真好看啊。

那些女生当中，也有沈冰。栀子不知道该怎么办，转回头，就跌跌撞撞地跑掉了。

[03]

两个星期的时间，栀子不听冬天解释。但是在学校的自习教室里，冬天到底堵到了栀子。

冬天对栀子说对不起，他不是有意骗她的。他那么努力，想要考上大学，却没有考上，他记得他们的约定，他没有考上大学，就不好意思找栀子了，但是他又想她，又放不下她。

他开始在广州打工，但是他想她，就到沈阳了，在信里她欣喜地问他，你的学校也很好吧，他能说什么呢？他只好说自己考上了。

冬天说那天，沈冰在自己的小屋，是来告诉自己栀子知道了，可能很快就会来找他。沈冰是在不久前知道冬天说谎了。她听栀子说起冬天在长春的大学，大学里的专业，无意中和那所大学的同学说起，才知道冬天在骗人。

沈冰怕栀子伤心，没有直接告诉栀子，而是找到冬天到学校看栀子的机会，偷偷叫住了他，质问冬天为什么骗人。

冬天带沈冰去看了自己住的小木屋，看了他打工的地方，冬天告诉沈冰，他也不想这样的。

沈冰理解了冬天，就不愿意告诉栀子了。这一次，栀子的父母揭穿冬天的事情，沈冰知道了，就赶着去通知冬天，要他早做准备。

栀子听完冬天的解释，还是离开了。沈冰说栀子，你真傻，他那么爱你，念不念大学又怎样呢？

栀子说你不懂。沈冰就急了，在爱情里还需要懂什么，我知道他爱你，那就够了。

[04]

秋天过去，冬天便来了，不知不觉，栀子就大四了。实习的时候，夜晚的空气依然寒气逼人，清白的路灯把栀子的影子拖得长长的。栀子在沈阳的一家小小的周报实习。她不知道自己是否原谅冬天了，其实，从开始到后来，她从来没有怪过他。

她知道沈冰说得对，冬天是爱自己，才会这样做的。只是那时，一下子发生太多的事情，栀子不知道该怎么做，她太想让自己安静了。

后来栀子想明白了，那么多次，她去小木屋找冬天，冬天却不在了。

在那么多次栀子的避而不见后，冬天搬家了。

冬天不见了，栀子就不能告诉他，那一次父母来沈阳主要是为了给母亲看病的。母亲说冬天骗栀子，骗了那么久，栀子不知道便罢了，知道了还和他在一起，这不是存心让她死吗？

母亲的病情那么严重，让栀子不知道该怎么办才好，就只能躲着冬天。病情控制住的时候，栀子想明白了，其实她可以慢慢地说服母亲的，慢慢地让母亲知道，两个相爱的人在一起是世界上最好的事情。

但是在这个时候，栀子却找不到冬天了。那个小小的木屋，换了别人住了。

那样简陋的木屋，在木屋的墙面上，栀子看到了冬天的字迹，是冬天用小刀写下的，自己和他的名字：栀子、冬天。

旁边，还有一个名字，沈冰。不是冬天写的，是沈冰写下的。

[05]

这都是五年前的事情了。

从高中到大学到戛然而止的一场恋爱，五年的时光，便这样过去了。

栀子一直偷偷地找冬天，只是一直没有找到。

栀子在报社的实习结束了，她并没有留下来，而是回了家乡，在家乡的小学当了老师。

他们分开的第五年三个月零十七天，栀子又遇到了冬天。

是三月的时节，冬天回家乡处理一些事情，在小学的门前就看到栀子了。栀子留着齐耳的短发，看起来那么瘦。栀子对冬天微笑着，就像许多年前，他们念高中，他发现那么恬静的女孩儿有那么好听的名字，总是微微地笑着一样；就像大学里恋爱时，她总是那样仰起头对他微笑一样。

他一下子就说不出话来，一下子就僵在那儿了。他们说的唯一的话，是关于沈冰的。栀子问冬天，沈冰好吧？冬天说好。栀子说沈冰的时候，还是那样微笑着，只是低下头，眼泪就几乎掉下来了。冬天走出栀子的视线时，眼泪也几乎下来了。

他记得栀子小声说，有她替我爱你，我就放心了。她的声音那么小，但是冬天听见了。

冬天是这次回乡，才听说栀子母亲那时的病情，才知道那时栀子对自己，并不是疏离和嫌弃。也是在这次回乡，栀子才有机会证实，冬天的妻子，叫沈冰。

栀子明白了，毕业的时候沈冰痛骂自己，不顾父母的反对，离开土生土长的沈阳，毅然到广州，是为了寻找冬天吧。就像栀子在小木屋墙上看到的字迹：栀子、冬天、沈冰。

也像栀子后来到底选择了结婚，有了普通的生活和不再刻骨铭心的爱情。在平淡简单的生活里，她有时候会想起一些事情，想起年轻的时候，一个叫冬天的男孩子，一直断断续续地出现在她的生命里。她曾有过他的照片，他的信，他的贺卡，也曾有过他的爱语、拥抱和誓言，但是，他们的爱情，到底还是过去了。

她从来不说起这件事情，以为一切掩饰得极好，可是常常，在毫无防备的一刻,冬天的身影会从内心浮出,生动一如往昔,令她无处躲藏痛哭失声。

  栀子明白,她和冬天,相爱在那个美好的夏季,只是太早遇见,还不懂得怎样去爱;太晚的时候遇见,已经不能义无反顾地去爱,要在恰当的时候遇见,那是多么不可能的事情!所以她和冬天的爱情,到底像小小树叶的脉络,风里怅然飘过的叹息,留在一度澎湃却无处安放的青春里。

用生命去爱

事故发生时,他正在不耐烦地看表。

在等了海伦两个小时之后,他决定回家。他心情忧郁,看见两个人等在家门口时,他更加不悦。

两个人中,一个是巡警,另外一个是邻居吉姆,他的老同学。

"汤姆,"吉姆说,努力掩饰自己的情绪,"这是巡警罗宾逊,我们可以进去一会儿吗?"

"当然可以,出了什么事?"汤姆边问边向巡警点头。

他们进入客厅。汤姆正要准备饮料时,吉姆说话了,他的话断断续续,但汤姆完全可以听明白:

"汤姆,海伦出事了……今晚在火车站……门开了……她掉了下去……"

他描述了事故经过,但汤姆好像没有听见。

在以后的几天里,家里人来人往。之后,汤姆拒绝与周围的人往来。他不能接受与海伦永别的现实。

医生说他神经错乱,建议他接受心理治疗。

但汤姆谁也不见,葬礼之后,他甚至从未走出家门。

汤姆念念不忘过去的事,常想:如果花些时间去办公室接她,如果花些时间谈谈他们的问题,如果……

6个月后的一天,汤姆终于同意与朋友出去晚餐,地点是一家酒吧,开车约一小时。他谢绝朋友们的接送,决定自己开车去。

那一天,他提前出发赴约以防交通阻塞。

天渐渐地黑下来,他注意到右前方出现一片混乱,看到几栋着火的房子。许多人聚在那里,哭喊声交织在一起。车无法开近着火的房子,他就跳下车,向最近的那所房子跑去。

空气中弥漫着焦煳味,他的周围烟雾缭绕,一片狼藉。烧伤的人躺在地上,惊恐万状。他径直向第一所房子奔去。

火几乎吞没了那栋房子,只有顶层靠右边的一间屋子尚未烧到。一伙人在拼命地阻拦一位绝望的妇女,她在不停地喊:"安妮,保罗!"

在嘈杂的人堆里,没有人听到安妮、保罗的名字,但汤姆听到了。他毫不犹豫地冲进了房子,在房内,他找到一条毛巾,将其浸湿,一边上楼一边用湿毛巾裹住脸,汤姆很快扫视一下房内的格局:左边是火,右边是关紧的门。他去摸门把手,很烫。他解下裹脸的湿毛巾,用它包住门把手,将门打开。

如果他不知道地狱的样子,那么现在该知道了。窗帘、椅子、地毯……到处是火,他呼吸困难,蹲下身子以躲避烟火。

他注意到角落里蜷缩着两个孩子。

"安妮！保罗！"他大叫。屋顶吱吱作响，汤姆知道他们时间不多了。远处，消防车及救护车呼啸而至。

火焰弥漫了整间屋子，孩子们晕倒在他的臂上。他尽力用身体护着孩子，跳过大火，找到下楼的阶梯。他看不见东西，只靠双脚探索前进。

他几次要栽倒，但臂上的重量支撑着他。他甚至没有感觉到火舌已吞尽衣服，舔到皮肉。

他好像看见了门，一个男人的轮廓。臂上的重量被卸下……孩子们……照顾好孩子们……

然后，他就什么都不知道了。

……

疼，浑身难忍地疼，但他仍挣扎着要讲话。

"孩子，安妮和保罗……"

"他们很好，"他听到有人说，"谢谢你，史密斯先生。"

"很好。"他低声说。然后他见到一张脸，模糊，但很熟悉。

"海伦，"他说，"见到你真高兴。"

"别出声，汤姆，把手给我，我们还有最后一段路要走。"

他走向那只手。突然，一切疼痛悄失，光明出现了，没有血，没有疼。

他与海伦又在一起了。这一次，他们永远不会分开了。

他的墓碑上写着：他没有时间了，只好奉献生命。

通往天国的阶梯

谁说缘分没有天定?谁说没有一瞥钟情?50年前的那一幕,就像隔了半个世纪的轻风,缓缓一掀,还是满含了绿意,吹开了他心中永恒的春天。

那一天,鞭炮声声,唢呐阵阵,她乘一座花轿来到村前。他正和一班顽童在村中追逐嬉戏,见了花轿便尾随其后,因为,几天前,他磕断了门牙。山乡有个习俗,掉了门牙的孩子,只要让新娘子摸一下嘴巴,新牙就会长出来,他便迫切希望这位新娘子能让他的牙得以新生。

一个大人拉着他到轿子前,新娘的手从轿子的布帘里一伸,如葱如兰的手指便放在了他嘴里。他忍不住流了滴口水,紧张地一呹,却咬住了她的手指。只见轿帘被另一只玉手一掀,面如天仙的新娘子正含嗔带怒目视着他。待轿子走远,他还在原地发呆……

那一年,她16岁,他6岁。

他听见自己扑扑的心跳,也听见旁边大嫂大妈的戏谑:"发啥子癫,你长大了也要找个这样的漂亮媳妇。"

从此，不管谁玩笑问他长大后要娶什么样的媳妇，他总是认真地说："像徐姑姑那样的人儿！"

徐姑姑从此便是那位印在他心上的新娘子。但直到他长成一个帅小伙子，他也只敢用余光偷看她，在他心中，她是那么的尊贵，只觉得要是稍微正眼一看就会脏了她。

而她，13岁欢喜(定亲)，16岁交待(嫁人)，26岁却突然因丈夫患急性脑膜炎去世而成了寡妇。婆家说她克夫，于是她独自带着4个孩子，没吃的，就背着孩子到山上拾野生菌，一斤3分钱的盐买不起，她就编草鞋卖，一双卖5分钱。

16岁的他看在眼里急在心上，想帮她，又怕被拒绝，被别人笑话。直到那天，她和孩子掉进了河里，他跳进河里救起她们母子，才第一次正眼看了她。之后就常主动帮她担水劈柴，照应家务。如此4年，彼此的目光里渐渐有了别样的情愫。

然而，她不但比他整整大了十岁，还是个带着4个孩子的寡妇，闲言碎语如同一张无形的大网紧紧地罩在"大逆不道"的他们头上。他们喘口气的力气都快没有了。于是，1956年8月一天早上，村里人发现她和4个孩子突然失踪了，一同消失的，还有19岁的他。

40多年后，2001年的中秋，一队户外旅行者在原始森林探险时，发现了罕无人迹的高山深处竟然住着两位老人。他们仿佛生活在刀耕火种的原始社会，点的是他亲手做的煤油灯，住的是简陋的泥房，而以前没有屋子时住的是山洞。在自己开垦的田地上播种，自给自足。他们就是几十年前失踪的他和她。

这几十年中，他们添了孩子，也添了更浓的爱情。然而他并不懂什么叫爱情，他只是从上山那年起，在每次农闲时，拿着铁钎榔头、带着几个煮熟的洋芋一早出门，在悬崖峭壁上凿路——他怕她出行摔跟头。

整整50年后，铁钎凿烂了20多根，他一手一手凿出了6000多级石阶，每一级台阶都不会长出青苔，因为每天都会被他用手擦过，这样就不会滑……这6000多级石阶被人们称为"爱情天梯"。而他，也从一个愣头青变成了白发老翁。

"我心疼，可他总是说，路修好了，我出山就方便了。其实，我一辈子也没出过几次山。"摸着老伴手上的老茧，她眼里流着泪水这样对山外进来采访的"凡人"说着。

这并不是一个为了赚取眼泪虚构的故事。他，叫刘国江，她，叫徐朝清，他们住了50年的是重庆市中山镇一座叫半坡头的高山。

谁说爱情只是美丽的童话？谁说爱情不知可以用什么来衡量？

6000级天梯，就是深深凿入大山的爱的刻度。

生死拥抱

一种可怕的咯吱咯吱声一下子盖过了尼亚加拉大瀑布的有规则的轰隆声。站在尼亚加拉河下游冰上拍照的游客一下子被这声音惊呆了:他们脚下有什么东西在动。

每年冬天,尼亚加拉河河汊口都结满了坚固的冰,形成一座冰桥,将美国和加拿大两岸连接起来。河岸上一居民在冰上搭起一座小木屋,为来拍照的游客出售热饮料。

差不多同时,第二次断裂声又响起来。小酒店的老板慌忙逃离小木屋,边往加拿大河岸上跑,边叫:"快逃,河里的冰要裂了!"

冰上的游客也跟着逃。突然,一对中年夫妇逃到半路又折回身,向美国方向跑去。无疑,他们担心停放在那里的汽车。

第三次断裂声又响起来。当夫妇俩快要抵达美国岸边时,一声沉重的爆裂声将他们脚下的冰撕开,河水一下子冒了出来。冰被水推着,迅速地离开了河岸,通往美国的道路被切断了。丈夫急忙催着妻子重新折回加拿大的路。但恐惧、寒冷使妻子变得前所未有的迟钝,她两腿不听使唤。丈夫扶着她,催着:"快点儿，快点儿跑！"

但毫无用处。当他不知所措时，妻子沉重的躯体又倾倒在他的肩上。他吓得大叫："救命！"

在离他们十几米远的前方，两个十七八岁的年轻人在逃。跑在后面的一个年轻人一听到呼救声马上回过头来，但稍微迟疑一下，又继续往加拿大河岸跑。突然，中年夫妻一齐滑倒了，他们跌倒时发出的尖叫声和呼救声让所有在逃的人都惊惶失措。

跑在后面的年轻人再次回过头来。他跳到岸上的同伴向他伸出手说："你疯了，快跳！"然而，他拒绝了同伴伸出的手，回转身，向两夫妇跑去。

正当他扶起夫妇俩前行时，突然，另一块巨大的冰猛烈地撞击了他们脚下的冰，这冰与连接加拿大河岸的冰也分裂了，这下子，通往加拿大的路也被切断了。河岸上的游客不约而同地说："糟糕，他们完了！……"

大浮冰鬼使神差地离开了河岸，很快地向河中心滑去，最后一颠簸，一头扎进了尼亚加拉河滚滚激流中。

在河两岸，人们紧张起来，所有的人都跟着大浮冰跑。在不远的前方，尼亚加拉大瀑布在奔腾咆哮，水浪滔天，人们祈望三个不幸的人千万不要漂到那里。

在抵达大瀑布前，需要通过三座铁桥，人们打算在那里救回他们。两岸救援人员不约而同发出了警报。

在浮冰上，妻子蜷缩在丈夫的手臂中，身体紧紧地贴在一起。年轻人则小心翼翼地从冰的这一头走到另一头，他企图引导冰的漂流路线。但大浮冰漂得太快，很快就到达了第一座铁桥。桥上的人还来不及抛绳子，它就已飘然而过。

突然，大浮冰不声不响地又分裂成两大块，似乎有意地要让他们三人分道扬镳。年轻人被留在那块较小的、漂在最前面的那块冰上。

一股奇怪的水流推着夫妇俩慢慢地向加拿大一边漂去。一会儿，浮冰就要临近陡峭的岩岸了，只差两米多了，妻子催丈夫快跳，岸上的人也呼喊着他们快逃。丈夫来不及多想，一纵身就跳到对面一个小岬角上去了。

水流继续将浮冰推向岸边。最后只差一两米了。丈夫欣喜若狂，一只手拉住峭壁上的树枝，另一只手朝妻子伸着，大声喊妻子跳。尽管妻子在浮冰边上几次跃跃欲试，可惜始终未能跳成功。奇怪的水流再没有多给他们机会就已开始回旋。丈夫眼看妻子独自漂去，于是不顾一切地又跳回冰上。浮冰受到强大冲力，很快又漂回河中心。

在另一块浮冰上，年轻人已漂到第二座铁桥。救援人员向他抛绳子，他一下抓住了绳子，快速地将绳子拽到手心里。当浮冰在他脚下漂走后，他半个身子掉进冰冷的水里。救援人员连忙拉绳子，将他迅速拉出水面，他像陀螺一样在空中旋转。当他离桥面只有几米时，他冻僵的手再也无法支撑身体的重量。他用牙齿死死地咬住绳子，但他最终还是掉到河里。他在水里一连浮出水面两次，最后消失在滚滚波涛中。

现在轮到夫妻两人过第二座铁桥了。丈夫一把抓住桥上飞下来的长绳子，他用一段绳子套住妻子的腰，打了个结，然后用另一段绳子把自己也套上。救援人员立即往上拉，但绳子承受不了两个人的重量，刚一拉就断了，夫妻双双掉到浮冰上。浮冰继续前行。

第三座桥清晰在望。由于濒临大瀑布，尼亚加拉河的水愈加湍急，浮冰在危险地颠簸。

观众屏住呼吸，眼睛一动也不动地盯住那浮冰。妇女们跪下来。十指交叉紧握，祈祷上帝保佑。大家还来不及细看，丈夫又抓住了桥上扔下来的绳子。如同上次一样，他又将绳子套到妻子身上，打了个结。他似乎感到绳子还不够结实，又将绳子解开重套，但这一次他再也没有套自己。他奋力举起妻子高喊往上拉，可是不知是妻子不愿离开丈夫还是连接生命的绳子太脆弱，她"嘭"的一声又掉下来。此时，冰山已穿过桥底，继续它的航程，向深渊滑去。

接下来，所有在场的人都看到了这一悲惨但崇高的一幕：面对可怕的结局，妻子既害怕又深感对不起丈夫。一把抱住丈夫不放。而丈夫则害怕妻子恐惧，把妻子紧紧搂在怀里。

冰在抵达深渊前两米的地方，开始旋转，然后，滔天的水浪将它托起，长时间咬住不放，最后突然一松，掉进万丈深渊里去了。

第二天，人们在尼亚加拉瀑布的深潭中发现了他们的遗体，丈夫和妻子依然紧抱着没松手。

财富不一定是幸福

1973年4月8日,毕加索去世了。他留下了难以估算的巨额遗产,却忘记留下一纸遗书。

从这天起,一场举世震惊的毕加索遗产争夺战上演了。参与者除法国和西班牙政府外,最令人瞩目的是毕加索的遗属。为了占有遗产,甚至亲骨肉对簿公堂,反目成仇,在法庭内外唇枪舌剑,无所不用其极。他们聘请的律师、拍卖估价人和公证人足够建立起一支军队,进行的谈判多达60余次,前后持续20多年才算尘埃落定。

在旷日持久的争夺中,毕加索最后一任妻子奎琳·罗克在床上饮弹自尽,地下情人玛丽特·特丽莎也在自家车库里上吊,唯一的合法儿子保罗纵酒身亡,24岁的孙子帕布利托则吞下一粒毒药,在饱尝3个月的折磨后死去。帕布利托的姐姐马里娜,在回忆录中披露了自己少年时代的悲惨经历,她把一切过错都归咎于爷爷毕加索。正是他的巨额遗产给家人带来了深重可怕的灾难。

值得一提的是,另一位西班牙大画家达利生前也拥有巨额财富和荣耀,但他将遗产全部捐给了西班牙政府。我们没有听说他的遗属曾经争夺过财产,更没有听说谁为此死于非命。

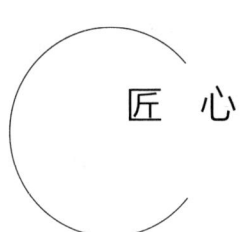

匠　心

17世纪时,日本北方的土佐国,有一位贵族叫山内候,当他要到江户参拜的时候,随身带着一位茶匠前往,因为这位茶匠在茶道上的造诣极深,山内候一方面只爱喝他泡的茶,一方面也有带他到江户夸耀的意思。

茶匠虽然内心不愿意,还是勉强奉命前往。当时治安不好,茶匠只好脱去茶匠的衣裳,带着长短刀剑,扮成武士的模样。

到了江户,茶匠大部分时间都留在屋内泡茶。有一天,他到户外走走,才出门不久,就在池塘边看到一位容貌猥琐的武士,看来品性不佳的样子,茶匠内心便有些畏惧,因为一路上担心遇到恶棍的事终要发生了,这使他踌躇不敢走到池塘边。

果然那位状似浪人的武士迎上前来,对茶匠说:"你看起来是来自土佐的武士,如果能让我领教一下你的本领,将是我的荣幸。"那武士手按剑柄。

茶匠一阵心虚,说:"我虽然穿着武士的衣服,但我并非武士,我只是一个茶匠,比剑一定不是你的对手,你放过我吧!"

浪人听了,知道茶匠的软弱,更加逼迫他,要和他比剑,或交出身上所有的财物。

茶匠本想交出财物，一走了之，但他立刻想到这样会破坏主人的名誉和自己的名声，便迎头准备一死。他又觉得这样死了很不值，突然想到刚出门时曾路过一个教习剑道的剑道馆，说不定可以去向剑匠学几招，以便能在比剑时有一个体面庄严的死法，像是第一流茶师赴死的姿势。

于是他向浪人说："既然你非和我比剑不可，我也乐于试试你的本事，不过，我随身带着主人的重要信件，必须先去复命，等回来再和你比剑。"浪人答应了。

茶匠急忙跑到剑道馆的门口，求见剑匠。剑匠听了他的事，当他知道茶匠是来学一个体面庄严的死法时，就说："来我这里的徒弟都是来学求胜的剑法，你是第一个来学求死的剑法的人，我必须破例教你。既然你是茶匠，我教你求死之法，条件就是请你为我表演一次茶道吧！"

茶匠心想这可能是一生里最后一次泡茶，便一口答应，瞬时忘记即将赴死的事，全神贯注地泡茶，就好像泡茶是全世界唯一重要的事。他泡茶时那清朗、无念、庄严、绝俗的表情令剑匠很受感动，并喝下他深信是这辈子喝过的最好的一盏茶，他感叹地说："你已不必学习什么死的方法，你刚才泡茶的心境，无论与任何武士决战都能取胜呀！当你去赴浪人之约时，首先就像茶道的准备工作，先郑重地向他问候，并道歉自己来晚了。告诉他你已做好决胜负的准备，然后脱下外褂，小心折叠好，再将扇子放在上面。系上缠头,围上腰带,把裤裙的口子打开。最后抽出长剑高举过头,摆好将对手砍倒的姿势,闭上眼睛,一听到喝声,就举剑向他劈去,这整个过程,一定要专注,就像你方才泡茶的样子。"

茶匠道谢之后,向浪人约定的地方奔去,好像去为朋友泡茶,一点也没有恐惧。他按剑匠的忠告一一做了。当他最后举刀而立时,那浪人仿佛看到一个完全不同的人格:无畏、无我、无念,浪人连喝声都叫不出来,对立了一分钟,浪人扔下武士的长刀,趴在地上求饶。茶匠原谅他,浪人连滚带爬地逃走了。

我喝茶时,常会想到这个故事,想到我们的生命历程也许会不时遇到猥琐的浪人,纠缠不清,我们是不是都能庄严、无畏、优美地举刀而立呢?我们是不是都愿意像茶匠的心,从眼前这一刻,展现出完全不同的人格呢?

爱需要
飞蛾扑火的勇气

[01]

诺诺认识曾默时，我已和诺诺做了四年的同事。不仅是同事，我们还是大学校友，我高她两届。当诺诺偶然间发现这件事的时候，她惊讶得几乎蹦起来。

那时诺诺称我老林。老林啊，我脸上长痘痘了，好郁闷。老林啊，圣诞夜陪我去唱歌吧。老林，我又失恋了，为什么受伤的总是我呢？对诺诺我是喜欢的，她的样子她的笑容甚至她的声音……但仅此而已。我也问过自己是否爱她，结果是：那不是爱。在我眼里爱情该是那样的：第一眼就有感觉，从此惊涛骇浪。但我和诺诺，我们像哥们儿像朋友像亲人，唯独不像恋人。

曾默是我多年的朋友。那年秋天，诺诺的表弟想去一家科技公司应聘，正好曾默在那里当人事部经理。诺诺高兴坏了，非要请我和曾默吃饭。那天，当曾默戴着墨镜着一袭黑风衣，很酷地出现在我和诺诺面前时，我发现诺诺的脸顿时就红了。

席间，我问诺诺：你不会是对我这哥们儿一见倾心了吧？话还没落地，诺诺手一抖，一筷子菜全掉到了桌子上。而曾默则嘿嘿笑着打了我一拳，说你小子瞎猜什么呀。

是不是瞎猜我不知道，但自从那顿饭之后，诺诺整个人都变了却是事实。高高的马尾不见了，长发柔顺地披下来，牛仔裤变成了长裙，不再夸张地大笑，接电话时声音也小了好几个分贝，总之整个人变得像水一样柔柔的。

有一天，当她袅袅婷婷地走过我身边时，我说诺诺，又恋爱了吧？诺诺回头冲我只笑不语。

对方果然是曾默。我忍不住暗笑，这家伙。那天，我在公司窗口看见了他的车，然后诺诺莲步轻移地朝他走去。虽然之前我也见过来公司找诺诺的男孩子，但曾默这一幕，却在我心里怎么也挥之不去。我说不上那是种什么感觉，好像失去了自己的一件宝贝似的，不舍，难过，紧张。第二天见到诺诺，我对她如实招供：你和曾默拍拖了吧？我心里怎么不是滋味呢，是不是我也爱你啊？诺诺拍拍我的肩，笑着说丑小鸭被人抢时，看上去会像白天鹅，其实她还是只丑小鸭。

我没有告诉诺诺，童话里那只丑小鸭其实本来就是白天鹅。我对自己说，也许一切真的只是一种错觉。

[02]

但疼痛来得是那么真实而又迅速——我还没回过神来，诺诺就和曾默订婚了。他们被朋友们围绕着。大家快乐地说笑，送祝福给他们。曾默和诺诺交换了戒指，曾默温柔地吻诺诺的额头。大家尖叫。我木偶般地站在人群里，像是看一场感人的电影，然后我随大家一样微笑鼓掌。没有人知道，我心痛如绞。原来曾经的那些喜欢，并不仅仅是喜欢。我忘了，爱除了一见钟情，还有日久生情。

和诺诺在一起的时间越来越少了。下了班，她不再继续待在办公室里和我玩联机游戏，而是一下班就走人，爱情在外面等她。她的话更是少了，没事时总是低头写着什么，写着写着就偷偷笑了。沉浸在幸福里的诺诺看上去像个小姑娘。每当这时候我就会把目光移向窗外，那时候我的心就会隐隐地疼。我想对诺诺说出一切的冲动一直折磨着我，我告诉自己就像以前那样畅所欲言，但我发现自己对此已经无能为力。

我开始长久地待在办公室里。生日那天，晚上我独自坐在黑暗的角落里喝酒，我多么希望诺诺能给我打个电话说声生日快乐。但是，电话始终沉默着。那个叫老林、给老林点生日歌的女孩子已是别人的未婚妻。

我让自己死了这条心，诺诺爱的不是我。我命令自己从这种无望的情绪中走出来。我开始尝试着和诺诺像以前那样，和她开玩笑，陪她逛街，带她去滑雪。冰天雪地里，我朝远处的诺诺喊：诺诺，如果你幸福，我会祝福你，如果你不快乐，我不会视而不见……诺诺一边朝我喊"你说什么啊？我听不见啊"，一边飞快地从我身边滑过去。看着她的背影，我无比惆怅。就这样吧，曾默是个可以依靠的人，诺诺跟他在一起，起码自己可以放心。

[03]

我万万没料到，命运安排给我们的却是另外一盘棋。

不久后的一天晚上，我在办公室上网。就是那个时候，我接到了诺诺的电话。首先听到的是呼呼的风声，我问她在哪儿，她说我就在公司楼顶的平台上。她的声音平静而遥远。我的心一下子揪紧了，然后我听到诺诺哭起来：曾默他不要我了。我定一下神，我说诺诺，他不要你还有我，还有你父母，你等我上去，马上，三分钟，不！一分钟！当我真的只用了一分钟连滚带爬地赶到平台上的时候，我看见了正在寒风中瑟瑟发抖和流泪的诺诺。我轻轻地走过去，轻轻地把她圈在怀里，我用颤抖而坚定的声音说：你若再有轻生的念头，我就先跳下去。

原来是曾默的前女友回来找他了，他摇摆不定，最后他前女友不知怎么说怀上了他的孩子，他只得同诺诺说分手。

我去找曾默。我明确告诉他，你要不娶诺诺，我就不认你这个哥们儿。曾默并不答言，只是闷头抽烟。我就火了，朝他抡起了拳头。当时我多么希望他能还手，我想如果他还手，那么就说明还有希望。但是，他只任我打他。他说林凯，不用你告诉我，我也知道自己对不起诺诺。

诺诺迅速地消瘦憔悴下去。她又开始叫我老林，又开始下班后不回家陪我玩联机游戏。她的游戏水平越来越高，但她眼神犹疑，她的心不在这儿，她不再是从前的诺诺。她不再快乐，但我无法帮她疗伤，因为我不是曾默。

诺诺出事是在一个月后，她喝了安眠药。我以最快的速度赶到医院时，她已经被抢救过来了。当我看见浑身插满管子的诺诺时，泪水还是抑制不住地涌了出来。我说你这个傻丫头，你怎么就这么傻呢？诺诺并不看我，只呆望着天花板。我这才明白曾默在她心里有何等的位置。半夜里，她忽然叫醒我，她说林凯，你娶我好吗？我求你了。

我答应诺诺是在三天之后。她说如果你再不答应我，我就死给你看。我忍不住笑了，我说你怎么像个旧社会的小媳妇。

一个月后，我和诺诺结婚了。这是我从没想过的事，却成了现实。我不想问前因后果，我只知道此时诺诺是我的妻子，她的心受过太多的伤,我已爱了她很久,她又回到了我身边,我必须让她幸福和快乐。我知道这并非什么伟大,这只与缘分有关。

结婚后,诺诺马上辞职,去了城东一家公司。每天她都要横跨大半个城市去上班。她一直在努力做一个好妻子,烧菜做饭拖地板,把我的每件衬衫都洗干净熨好。但是,她脸上鲜有笑容,言语也渐渐吝啬。晚上,她喜欢独自看电视,是咿咿呀呀的戏曲而非让人落泪的韩剧,或者一个人跑到书房里上网。她似乎想用行动告诉我,她喜欢一个人待着,不愿被别人打扰,打扰她的寂寞。还有,她不再叫我老林。我明白,这并非因为我成了她的丈夫,而是她想忘记过去。

[04]

我一直相信时间能改变这一切。但是半年后的一天,诺诺却突然向我说对不起,她说这事她想了很久了,她求我放她走。说这话时,她像个做错事的孩子,低着头捻着自己的衣角。我无法言语。我痛苦得想狠狠地打她,我又心疼得舍不得打她,哪怕是她的错。她给了我希望,却又把我丢弃。我终于明白,爱与不爱,是硬币的两个截然相反的面,不是感动不是呵护甚至不是一纸婚书就可以翻动的。我对诺诺摆摆手说,好。

对于不爱你的人来说,你的痛她永远感觉不到,而你也只能眼睁睁看她受苦，你恨你自己无法让她快乐没有资格保护她。你唯一能做的只能是答应她离你而去。诺诺离开了济南，没告诉任何人她要去哪里。

后来，曾默和前女友再次分手。至于具体原因，曾默始终不肯透露。两个男人一杯接一杯地喝酒，直喝到酩酊大醉。我们几次都提到和诺诺有关的事，但我们从头到尾都没有提到诺诺。可是我知道，这个名字在我和曾默心里一刻也不曾消失过。

我曾经有些恨曾默，因为诺诺爱他不爱我，因为他害诺诺伤心，甚至诺诺离我而去亦是因为他。但此时此刻，我想的却是：无论爱的还是不爱的，我们都不曾带给诺诺幸福的生活。

如果人生可以选择，我宁愿再次回到从前。那时诺诺不认识曾默，那时她笑呵呵地称我老林，那时我们不懂得什么叫疼痛。爱情，让我们变得有些宿命了，也老了。我唯一能说的也许只能是：我们每个爱过的人都是勇敢的。明知爱里有太多的痛，但谁也阻止不了我们飞蛾扑火。

勒格森
的长征

勒格森·卡伊拉仅有维持5天的食物，一本《圣经》和《天路历程》（他的两本宝书），一把用于防身的小斧头和一块毯子。带着这些，他急切地踏上了他的人生旅途。勒格森将徒步从他的家乡尼亚萨兰的村庄向北穿过东非荒原到达开罗，在那儿他可以乘船到美国，开始他的大学教育。1958年10月，勒格森只有16岁或17岁，他母亲也拿不准那时他的确切年龄。他的父母都是文盲，不知道美国的确切位置离他们究竟有多远，但他们还是勉强地为勒格森的旅途祈祷。

对勒格森来说，他的旅途源于他的一个梦想——不管是多么遥远，这个梦想促使他决心要接受教育。他希望能像他心目中的英雄亚伯拉罕·林肯那样，林肯虽然出身贫寒，却成为美国著名的总统，为解放黑人奴隶进行了不懈的斗争。他想要像布克·T·华盛顿那样，是华盛顿打碎了奴隶制度的枷锁，成为一名伟大的改革者和教育家，为他自己和他的种族带来了希望和尊严。勒格森希望能像他心目中的这些英雄那样，能改变世界，服务于全人类。不过，要实现他的目标，他需要受最好的教育，他知道只有在美国才能得到他所需要的教育。

不要去想勒格森名下毫无分文，也没有任何办法支付船票。

不要去想勒格森根本不知道他要上哪一所大学，也不知道他会不会被大学接收。

也不要去想勒格森的旅途从开罗到华盛顿有3000英里之遥，途中有数百个部落，说着五十多种语言，而且他对此一窍不通。

不要去想所有这一切，勒格森还是出发了。他必须踏上征途。他一心只想着一定要踏上那片可以帮助他把握自己命运的土地，其他的所有一切都可以置之度外。

他并非总是那么坚定。作为一个不大的男孩，他有时把自己的贫穷作为在学校没尽最大努力和不能成功的理由。"我只是个穷孩子，"他曾这样对自己说，"我能做什么？"

对勒格森来说，他和村里的许多朋友一样，原本相信居住在尼亚萨兰卡荣谷镇的穷孩子学习只是在浪费时间。后来从传教士提供的书籍中他发现了亚伯拉罕·林肯和布克·T·华盛顿。他们的故事启发了他，使他重新审视自己的生活并且认识到接受教育是他实现梦想的第一步。于是他就有了徒步到开罗的想法。

在崎岖的非洲大地上，艰难跋涉了整整五天以后，勒格森仅仅前进了25英里。食物吃光了，水也快喝完了，而且他身无分文，要想继续完成后面的2975英里的路程似乎是不可能的了，但勒格森清楚地知道回头就是放弃，就是重新回到贫穷和无知。

他对自己发誓，不到美国我誓不罢休，除非我死了，他继续前行。有时他与陌生人同行，但更多的时候则是孤独的步行。每到一个新的村庄他都非常小心，因为不知道当地人是敌意的还是友善的。有时他找到一份工作，暂时有栖身之处，但大多数夜晚是过着大地为床、星星为被的生活。他依靠野果和其他可吃的植物维持生命。艰苦的旅途使他变得又瘦又弱。

一次高烧使他病得很重。好心的陌生人用草药为他治疗，并给他提供了地方休息和养病。

由于疲惫不堪和心灰意懒，勒格森几次想放弃，他推断说："回家也许会比继续这似乎愚蠢的旅途和冒险更好一些。"

他并未回家，而是翻开了他的两本书，读着那熟悉的语句，他又恢复了对自己和目标的信心，继续前行。从他开始这次冒险的旅行到1960年1月19日已经有15个月的时间了，他走了近1000英里，到达了乌干达首都坎帕拉。此时，他的身体竟健壮起来，也有了更加明智的求生方法。他在坎帕拉呆了六个月，干点零活，并且一有时间就到图书馆去，贪婪地阅读着各种书籍。

在图书馆里他找到了一本图文并茂的美国大学指南书。其中的一张插图深深地吸引了他。那是个看上去庄重而又友好的学院，坐落在湛蓝的天空下，喷泉草坪错落有致，环绕学院的群山使他想起了家乡那壮丽的山峰。

位于华盛顿弗农山区的斯卡吉特峡谷学院成为勒格森申请

的第一个具体院校，这似乎是不可能成功的，但他决定立即给学院的主任写封信，述说自己的情况，并向学院申请希望得到奖学金，因为担心可能不被斯卡吉特接收，勒格森决定在他的微薄积蓄允许的情况下，给尽可能多的院校寄去了自己的申请。其实这大可放心，斯卡吉特的主任被这个年轻人的决心深深感动了，不仅接受了他的申请，还向他提供了奖学金和一份工作，其工资足够支付他上学期间的食宿费用。

勒格森向着自己的梦想又前进了一大步，但更多的困难仍然阻挡着他前进的道路。

要到美国去，勒格森必须具备护照和签证，但要得到护照他必须向美国政府提供确切的出生日期证明。更糟糕的是要拿到签证，他还需要证明他拥有支付他往返美国的费用。

勒格森只好再次拿起纸笔给他童年时就曾教过他的传教士们写了封求助信。结果传教士们通过政府渠道帮助他很快拿到了护照。然而，勒格森还是缺少领到护照所必须拥有的那笔航空费用。

勒格森并不灰心，而是继续向开罗前进。他相信自己一定能通过某种途径得到自己需要的这笔钱。正是因为他非常坚信这一点，他花了自己仅有的一点积蓄买了一双新鞋，使自己不必光着脚走进学院的大门。

几个月过去了，他勇敢的旅途事迹渐渐地广为人知。当他身无分文、筋疲力尽地到达喀土穆时，关于他的传说已经在非洲大陆和华盛顿弗农山区广为流传。斯卡吉特峡谷学院的学生们在当地市民的帮助下，寄给勒格森650美元，用以支付他来美国的费用。当他得知这些人的慷慨帮助后，勒格森疲惫地跪在地上，满怀喜悦和感激。

1960年12月，经过两年多的行程，勒格森·卡伊拉终于来到了斯卡吉特峡谷学院，手持自己宝贵的两本书，他骄傲地跨进了学院高耸的大门。

毕业后，勒格森并没有停止自己的奋斗。他继续进行学术研究，并到达英国成为剑桥大学的一名政治学教授，同时还成为一位广受尊敬的作家。

勒格森·卡伊拉出身卑微，但就像他所崇拜的英雄亚伯拉罕·林肯和布克·T·华盛顿那样，最终出人头地。他在世上寻求改变，成为我们人生航行中一座壮丽的灯塔，其光芒一直为人们指引着前进的方向。

废话其实也可爱

刚工作没多久,得知后勤部主管张俐是公司人缘最好的人。打量过她,其貌不扬,但每天中午在员工餐厅吃饭时,总有人端着餐盘往她身边凑。无论男男女女,都乐意跟她一起共进午餐。后来问同科室的一个同事为什么大家都喜欢张俐,她想了想说,可能是因为张俐是个废话匣子吧!这是什么理由?

慢慢跟张俐熟了之后,我发现她真的喜欢说废话。有天早上我早到了,就在中庭的绿化带散步,她远远地冲我招手:"一大早就在这儿吐纳,你很会养生呀!"我客气地跟她说我了解一点中医,她马上从中医说到韩医,顺带着对韩国人宣称中医是他们发明的论调口诛笔伐……15分钟的时间就在她噼里啪啦的废话中一眨眼过去。

我说得少听得多,但是我心里的确是放松了很多。听她讲那些废话,似乎颇有点宁神静气的效果。于是,我也慢慢跟她成了朋友,我越来越愿意整天听她絮絮叨叨地说个不停。

一次我们一起吃饭,我得知这个看起来胸无城府废话连篇的张俐竟然是爱尔兰国立利莫瑞克大学的海归。但她却嬉皮笑脸地说，在爱尔兰留学那几年,最大的收获不是学历学位,而是学会了做个废话小姐。她说爱尔兰被称为世界上最爱说废话的国家,爱尔兰人的口号是——无废话,不精彩。

在爱尔兰,如果等巴士的时候不跟身边的人聊上一阵,那就是失礼和粗鲁的事;如果在戏院排队买票,就必须得跟身边一起排队的人扯上几句,这样才是正常的行为……

回国求职时,张俐的面试顺利得一塌糊涂,别人都是正襟危坐地介绍自己的学历能力施政纲领远期规划,她倒好,屁股还没挨着椅子就冒出一句话——我觉得贵公司洗手间里的洗手液掺水太多了,当然公用洗手液掺水是符合节省开支理念的做法,但根据我的了解3∶7的比例是最合适的,再高就会造成一次挤压出来的洗手液达不到清洁效果,必须二次追加,反而造成浪费……张俐本来应聘的位置是行政助理,就因为面试开始时的这一通废话,老总慧眼识珠,钦点她留下来直接就任后勤部执行主管。

张俐说,有句堪称经典的废话——今天天气真好!包括国家元首在内的问候,都会说这句典型没话找话的废话。每个人活在这个世界里,都知道今天天气好不好,可是,为什么非要说这句话呢?其实,说这句话的目的,就是要引申出其他更多的内容。

所以后面就有了对答:"嗯,今天天气真的很好!""想不想去哪里玩?""想过!本来准备去郊游。""可为什么没去呢?""没钱啦!""这个月没发工资啊?""发了,用完了！""那么快就用完啦？你都用到哪去了啊？""买衣服，买护肤品……"

看，一句废话引出多少废话出来。虽然废话的意思并不明确，可废话在人际交往中却不可或缺。它既可以沟通思想，拉近彼此的距离，又可以促进感情交流，摸清对方的喜好、性格特征和对自己观点的支持与认同感。人们在交流过程中，其实往往是靠废话来联系的。

废话，真实地讲，就是没有目的的语言，因为没有目的，更能让人亲近，让人信任。我也终于明白张俐如此受欢迎的原因了，正因为她废话连篇，说出的话没有目的性，让别人在她面前交流没有利益得失的嫌疑，感觉很放松、很信任，进而产生一种亲近感、愉悦感，跟她做好友就成了自然的愿望。因此，废话其实也很可爱！

爱的花园

几年前,我们在自家屋外修建了宽大的露台和游泳池,从露台那里望去,满目湖光山色,给我们带来许多快乐。我们从没想到这个泳池会妨碍别人,也没想到隔壁的邻居会非常讨厌它,觉得它打扰了他们的安宁,乃至降低了他们的生活质量,因为他们从来没说过什么。

但是有一天,隔壁忽然立起了一堵巨大的胶合板高墙,我们简直惊呆了。墙足有8英尺多高,150英尺长,巧妙地挡住了湖景山色,令我们除了木板什么也看不到。我和丈夫都是通情达理的人,于是我们打电话给邻居:"你好像很生气,所以筑了这样一堵墙,我们能不能想个办法解决问题?您请过来谈一谈好吗?我们修建游泳池时绝对没有伤害您的意思。"邻居的回答至今仍回响在我耳边:"谁在乎你想什么?你毁了我们的东西,我们不想跟你说话。"我放下电话,气得发抖。"我不明白,为什么他们不想解决问题?"我问丈夫。他的回答很简单:"他们生气了。他们想伤害我们,因为他们觉得被我们伤害了。"

几番争取之后,很显然协商是不可能了,我们打算做些什么报复对方，但15岁的儿子阻止了我们。"你知道，"他说，"如果我们报复，就会陷入一场战争，我们跟他们对着干，他们也跟我们对着干，谁都不得安宁。""你是对的，"我又恢复了理智，"让我们换个角度想想。"

冷静下来，我们开始从不同角度看这堵墙。它的确阻挡了我们的视野，但最讨厌的是因它引起的感觉。一看到它，我们就感到失落和挫折，提醒我们有人讨厌自己，令我们心里很不舒服。墙一直延伸到起居室外，将窗口的视野遮个严严实实。没有墙的时候，早晨我们会坐下来一边喝咖啡，一边看风景，感受世界的安宁。如今向外望去，却只感到令人心寒的冷意。

一天，我们看着墙壁，研究可以做些什么，丈夫说："我们可以用墙作背景，建一座小花园。如果能发挥创造力，也许它可以变得非常美丽。"于是我们开始动手改造。丈夫和儿子做了格子架，好让植物攀缘生长，最终把木板掩藏起来。我看着他们一起干活，吹着口哨，聊着天，相互帮忙。朋友们知道了事情的原委，争相出手相助。很快我们有了一大群人，他们纷纷贡献点子、时间、花花草草。我们有很多艺术家朋友，他们带来自己的原创作品，包括亲手制作的鸟笼、蝴蝶巢和小鸟嬉戏的水盆。一位朋友甚至把鸟窝塑造成我丈夫的形象！我们一起挑选了藤蔓，用它覆盖格子架。待到夏天结束，那座墙以及它所代表的怒气和所有消极感觉，已经变成了簇新的花园，成为爱、友谊与和平的象征。美丽的小花园带给我许多欢乐和思考，而最重要的是我可以选择自己的态度，拒绝愤怒，转而拥抱这世界的和平与善意。

控制住自己的嘴

那天我去商场购物，人不多，队伍却始终停滞不前，我向前望去，看到一个衣着整齐的年轻女孩站在柜台前刷卡，她刷了很多次，可是每次刷卡机都无情地拒绝她。

"看上去那是一种福利卡，"我身后的男人咕哝道："年轻人四肢健全却依靠福利养活，为什么不能像其他人一样找份工作呢。"

年轻女孩寻声转过头。

"对，是我说的。"我身后的男人手指自己。

那个年轻女孩立刻涨红了脸，眼泪几乎流下来，她立刻扔下福利卡，低头跑出了商店，在人们的注视下很快消失了。

这一幕使我联想到自己，自从10年前我得了癌症，就一直在使用政府救济的粮票买食品，陷入困境的人有什么办法呢？这也使我学会，当你不了解一个人的真实生活的时候，就不要评判什么。

几分钟以后，有一个小伙子走进商店，他向收银员打听那位女孩，收银员说她已经弃物而走。

"我是她的朋友，究竟发生了什么事？"小伙子焦急地询问大家。

人们好奇地聚拢过来。

"我说了一句愚蠢的话，因为我看到她使用福利卡，这种事我本不应该说出来的，很抱歉！"我身后的男人说。

"哦，真糟糕。事情是这样的，她的哥哥两年前在阿富汗遇害，他留下3个小孩，不得不由她来照看抚养，她今年才20岁，单身一人，却要养活3个孩子。"他用坚定的声音告诉每个人。

"没想到，今天发生了这种事。"小伙子不安地晃动他的双手。"这是她想买的吗？"他指着女孩的购物车问收银员。

"是的，先生，可惜她的卡无法使用。"收银员说。

店中一片沉寂。

"你肯定知道她住在哪里吧？"我身后的男人突然问小伙子，他挤到队伍前面，掏出他的钱夹，把信用卡交给收银员："请用我的卡结账吧，一定！"

收银员接过他的卡，开始为年轻女孩选购的商品结账。

"稍等。"他转身拉过他的购物车，把自己的一部分食品放进了女孩的购物袋里，"是的，"他对大家说："我们现在要多养3个孩子了。"

一位女士走过来，把一只火鸡放在了女孩的商品里，然后三个、四个，更多的人纷纷从自己的食品中挑出几样，悄悄放进了女孩的购物袋里。

"先生,您是个好人!"小伙子感激地说。

即使你的双眼看到事实,但也许生活的真相并非如此。正如古希腊哲学家所说:控制自己的嘴是人类必须学会的第一个美德。

02

装满谎言的篮子

创造奇迹的人

我的母亲是一位老师,"文革"中被称作资产阶级小姐。在人们印象中,资产阶级小姐大多娇生惯养、吃不得苦,但是这些在母亲身上都是看不到的。母亲曾经有过优裕的生活,上过教会学校。为了父亲,她从省城济南调到当时破旧落后的聊城,租了一间小农房住了下来。

父亲37岁就瘫痪了,那时我还小,寄养在外婆家。医生说他是因为劳累过度,尤其那次出差骑自行车往返200多里,路上又淋了雨。我至今不能想象,血气方刚、心性要强的父亲当时怎么面对这场突如其来的人生劫难。从此,母亲就默默照顾了他几十年。至今我们也从没听过她一句怨言,也从没见她对父亲发过一次脾气。

父亲不能下床,以他的个性必定着急无奈。他把希望寄托在我这个长子身上,期望我能快点长大,帮母亲分担家务,替他顶起这个家。12岁那年,回到家,我就开始挑水、做饭、垒鸡窝、拾柴火、垛草垛、劈柴……后来,我又被父亲赶到农村,除了参加学校组织的支农劳动,还被他特意送到朋友的农村老家生活了一个多月。从高中到大学，尽管班里有很多来自农村的同学，但每次举行割麦子比赛，我都是第一名。

上了高中，我的假期基本上在工地上度过。一年暑假，父亲让我去建筑工地当小工，30天假期，我在工地上干了整整29天。太阳晒得我胳膊和脖子又红又黑，脱了好几层皮，手上也遍布抛砖时留下的新旧血痕。这样辛劳一天，工钱不过一块多。最后两天，我央求他让我歇一歇，也遭到断然拒绝。我在背后直骂他是"财迷"。

因为久病在床，心情烦躁，父亲少不了对母亲发火，母亲却总是以发自内心的宽容化解家庭的阴霾。奶奶三天两头住院，父亲病情时好时坏，母亲除了上课，还要轮番伺候病人、照顾两个未成年的孩子。即便在这样艰难的日子里，她也没有忘记帮助别人。她每月从菲薄的工资里拿出一部分钱，资助因病失去劳动能力的叔叔。两个遭受病魔折磨的家庭，在母亲的坚定、善良中支撑了下来。

母亲唯一一次对我发火，是我读小学五年级的时候。当时正值"文革"，男孩子们跑出去"闹革命"，只有女孩子留在教室。我怕留在课堂其他男孩起哄，又不愿出去玩，只好背着书包回家。母亲见我"逃学"回家，脸都青了，劈头盖脸训了我一顿，吓得我背着书包又跑回学校。不能进教室，我只好找到一片小树林，把书包当桌，小树当靠背，自己预习没学过的课程。就这样，几个月时间，我自学完了一学期的课程，做完了作业。第二学期复课时，我发现功课不但没落下，反而由于学会自学，知识更扎实、更灵活了。

母亲的坚强、从容，是我们家最强大的精神支柱。母亲通达乐观，经历了这么多磨难，却从没有见过她愁眉苦脸，永远是平和、微笑地面对一切。无论父亲病情多重，家庭多么受人歧视，只要看到母亲安详、坚定、乐观、善良的面容，我们都会感到一下子有了力量。我和妹妹一个脾气躁，一个憋不住事儿，却都有一颗从容的心，这也是母亲送给我们最好的生命礼物。

父亲则教会了我们坚持和热爱。瘫痪后的40多年里，他受支气管炎、肺结核、心血管病、胃病的折磨，每年都要病危住院数次。记不清多少医生曾经告诉我们，父亲活不过当月或当年。几十年里，这种生离死别的痛苦时刻萦绕在我们中间。不过，所有医生的预言都错了，父亲每次都活了下来。更不可思议的是，他在年逾古稀的时候竟然站了起来。记得有一位老同学来访，我们刚刚坐下，忽然一个身影从门前闪过，老同学一惊，问那是不是我叔叔？我反问他，难道你不认识我爸爸了？他眼睛瞪得老大，连说不可能，不可能！

后来我上大学，做工程师，又拥有了自己的公司，产品家喻户晓。有一年，我接父亲来公司。他一整天脸上都洋溢着蜜糖般的笑，充满了对我的信任、肯定和鼓励，一点儿也找不到当年严厅的模样。他行动不便,上下楼梯我都要背着他。负重前行,却让我步履沉稳。那个曾经在田间、工地挥汗如雨的少年,恍惚间掠过记忆……

在很多人眼里,我创造了一个成功的奇迹;而在我看来,父母才是真正创造奇迹的人。

兄 弟

　　他在纸上写了两个字——"兄弟"。他指着"兄"字对哥哥说,这个字读兄,兄就是哥哥,又指着"弟"字说,这个字读弟,弟弟就是我,"兄弟"的意思就是先有哥哥,才有弟弟,没有你,就没有我。

　　他出生那年,计划生育抓得正严,村里有生二胎的人家,不是要躲到城里亲戚家,就是要被罚款。只有他,是一个光明正大生下来的老二,并非家中有权有势,而是因为他的哥哥,先天性脑疾,俗话说,就是弱智。父亲递了申请,没过多久,父亲的申请就被批准了,母亲就怀上了他。

　　母亲拿着一根小竹竿对哥哥说,永远不许碰弟弟,记住没?说着扬起手里的竹竿,警告他如果不听话,就会挨打。他畏缩地躲到一边,深深低着头。因为担心他会伤害弟弟,父母便不允许他进他们的房间,即使是吃饭,也会盛到碗里,夹些菜,让他在自己的小屋里吃。他经常偷偷蹲到父母房间的门下,半弓着身子向屋里望去,当他看到母亲怀里的弟弟时,满脸幸福地笑了,口水顺着嘴角流了出来。

其实他很小的时候，父母和爷爷奶奶也曾疼爱过他，只是逐渐长大，年龄相仿的孩子已经学会说话走路时，他的嘴里却说不出一个字来，目光呆滞。到县上的医院检查出是脑疾后，爷爷奶奶把怨气撒到母亲身上，积年累月，母亲便把委屈强加给了他，于是，他经常因为一些小事，要挨上一顿打。

弟弟慢慢长大，已经牙牙学语，蹒跚走路，全家人心头的石头总算落地。他也高兴，有几次，弟弟伸着胳膊，向他走过来，他兴奋得手舞足蹈，只是母亲总会慌忙跑过来，把弟弟抱开。

弟弟学会了叫爸爸妈妈、爷爷奶奶，可是从不会叫哥哥。他多希望，他能像所有的哥哥一样，被弟弟叫一声哥。为此，他每天在院子里，在自己的屋子里，都要吃力地大声喊，哥，哥。他想让弟弟听到，让弟弟学会叫他哥。

母亲看着弟弟玩时，他在三米外的地方，继续喊着哥，哥。母亲嚷他，一边玩去。这时，正蹲在地上玩的弟弟，抬起头看着他，竟然清晰地叫了一声哥。

他从来没有如此激动过，他拍着巴掌跳起来，忽然跑过去，用力抱住弟弟，眼泪和口水一起流到弟弟身上。

长大后的他看着总是在他眼前晃来晃去、对着他傻笑的哥哥，心中充满厌恶。他是自小被别人喊着"傻子他弟"长大的，他对这个称谓憎恶至极，也曾大声叫喊，我叫王君旺，不叫傻子他弟。也曾因此将那些孩子的鼻子打出血，可是没有用，他们仍旧那么叫。他渐渐习惯了，却加深了对哥哥的恨。

城里的亲戚来家里，带来了农村没有见过的糖果，母亲分给他六块，留给哥哥五块，想了想，又从哥哥的那份里取出了两块糖塞给他，这样的事情不是第一次，他理所当然地接受。母亲把糖果给了哥哥时，他透过门外的玻璃看着哥哥把那几块放到枕头下，顿了顿，又拿出来左看右看，才放进口袋里。

次日清晨，他起床后，哥哥在窗外敲着玻璃对他笑，他没有理会。哥哥安静了一下，又继续敲窗，他不耐烦地推开窗，哥哥踮着脚把一只手伸过窗子里，他厌恶地躲开，哥哥摊开自己脏兮兮的掌心，是两块糖。他愣了愣，没有接。哥哥把手拿出去，摸了摸自己口袋，再次伸手进来时，已变成三块糖，他含糊地说，吃，弟吃。

那天，他没有吃哥哥的糖，悄悄放回哥哥的枕头下。哥哥发现后，又拿出来给他，着急地跺着脚说不出一个字来，干脆把糖纸剥开，往他嘴里塞，他张开嘴，终于吃下了哥哥的糖。

那天，他清晰地看到哥哥眼里，流出了眼泪。

那段时间，他得了急性肠炎，吃了几天药后，又可以回去上学了。只是最后两片药，任凭母亲说什么，他都不肯再吃，他讨厌那种黄色药片的苦味。

他和几个同学在前面走，哥哥像以往一样在后面跟着，他已经习惯，不回头看。一个同学说，傻子他弟，你傻子哥就这么天天跟着你，你有一天也会变成傻子。他停下来给了那同学一拳，同学捂着胸口嚷，小心你们全家都变成傻子。他们厮打起来，他被那个同学压在身下，忽然对方的身体轻飘飘地离开了他，是哥哥。他从未见过哥哥使过这么大的力气，把那个男孩举起，摔在地上。男孩顿时在地上滚着喊疼。另外几个同学跑开向老师报信，他害怕了，回家父亲一定会揍他的，是他惹了祸。哥哥还在对着他笑，那一刻，他恨透了母亲，为什么会生下一个傻子给他当哥哥。

他用力推了哥哥一把，气愤地吼，谁让你多管闲事，你这个傻子。哥哥被他推得靠到树上，傻呆呆地看着他，忽然趴在地上，脸几乎贴在地面上，一点点寻找着什么。

他想得找个地方躲一躲，以免挨老师训，挨父亲打。哥哥在地上爬起来后，追上他，在身后喊着，弟，弟，药。他回头，哥哥手里是两片沾了泥土的药片，治疗他肠炎的药片。

那天，父亲让他和哥哥并排跪在地上，竹竿无情地落下来时，哥哥趴在了他的身上。他能感到哥哥的颤抖，哥哥说，打，打我。

拿到大学录取通知书那天，父母乐得合不拢嘴，哥哥也跟着高兴得又蹦又跳，像个孩子。其实哥哥并不明白什么叫大学，但是他知道，弟弟给家里争了气，现在再也没有人叫他傻子，而是叫他"君旺他哥"。

他离开家的前一天晚上，哥哥还是不肯进他的屋子，而是敲他的窗，让他出来。哥哥给他一个花布包，他打开，竟然是几套新衣服。他当然记得，那套蓝色的，是几年前姑姑扯了布，给他们哥俩做的；那套灰色的，是母亲给他买的生日礼物，他嫌弃颜色难看，母亲就给了哥哥，又另外买了一套给他；还有那件黑色的夹克，是城里姨妈送的。

原来，这么多年，哥哥一直都没有穿，而是把这些新衣服都积攒起来留给他。可是，他以及父母，却从未注意过，哥哥是否穿了新衣服。甚至，如果让他回忆，他根本不知道哥哥平日里穿着什么。

哥哥还是多年前傻笑的模样，只是眼里多了几分期待，他知道，哥哥是希望他看到这些新衣服后高兴，哥哥知道他最喜欢漂亮，喜欢穿新的衣服，只是，哥哥不知道他在不断长高，衣服的款式也在不断更新，那些几年前的衣服，他已经无法穿在身上。

此刻，他才注意到，哥哥穿在身上的衣服磨破了边，裤子也已经短了，穿在身上，滑稽得像个小丑。

他鼻子微微发酸，这么多年，除了儿时的厌恶和长大后的忽视外，他还给过哥哥什么呢？

他假装收下了衣服，高兴地在身上比量，问，哥，好看不？很久没叫出这个称呼，吐出来有些艰涩，哥哥很用力地点头，笑的时候嘴巴咧得很大。

他在纸上写了两个字，"兄弟"。他指着"兄"字对哥哥说，这个字读兄，兄就是哥哥，又指着"弟"字，这个字读弟，弟弟就是我。"兄弟"的意思就是先有哥哥，没有你，就没有我。

那天，他反复地教，哥哥就是坚持读那两个字为"弟兄"，间断却很坚决地读，弟，兄！走出哥哥房门时，他哭了，哥哥那是在告诉他，哥哥心中，弟弟永远是第一位的，没有弟，就没有兄。

灵魂的太阳
照耀北极

北极,被称为世界的冰窖,是寒冷的代名词。在这儿,生活着一种浑身长满绒毛的小巧玲珑的鸟儿——绒鸭。

这一天,一只活泼可爱的小绒鸭悄悄降临在了这个世界上,面对着它的却是一片永远也望不到边的冰天雪地。

它的父母为了这个刚刚出生的孩子,不知花费了多少心血。它们首先要做的,就是先给这个浑身光秃秃的小绒鸭做一床温柔暖和的新"被褥"。

父亲昨天一大早就出去了,到处寻找着适合做"被褥"的材料。它冒着难以忍受的零下几十度的严寒,找了整整一天。可是在这冰天雪地的北极,除了雪还是雪,除了冰还是冰,上哪儿去找这做"被褥"的材料呢?

但是,父亲还是不甘心,它还要四处去找,因为它深知,如果不给这个刚刚出世的孩子铺上盖上一床温暖的"被褥",要不了几天,幼小瘦弱的孩子就会被活活冻死的。

又一天过去了,父亲还是垂头丧气地回来了。眼看着刚出生的孩子在寒冷中痛苦地挣扎,"不能等,一分钟也不能再等了",突然,父亲作出了一个大胆、新奇的决定,它开始用嘴一根一根地往下使劲拽自己身上的绒毛。

"你疯了,你这是在干什么?"孩子的母亲显然极不理解孩子父亲的这一反常行为,瞪大着眼睛吃惊地望着它。

"不关你的事,你就别问了……"孩子的父亲仍然撕扯着自己身上的绒毛。

孩子的母亲心疼得看不下去了,急忙上前制止它的这一反常举动:"求求你快停下,你不能再这样了!你会被冻坏的!"

"可……可我不拽自己身上的绒毛,拿什么给咱刚出生的孩子铺一个温暖的窝呢?"父亲终于说出了自己的想法。

孩子的母亲这才明白,在这冰天雪地、寒风刺骨的北极的冬天,它是想用自己身上的绒毛,为刚刚出世的孩子铺一个温暖的窝。

孩子的母亲被深深感动了:"既然这样,那还是用我身上的绒毛吧,你还要外出寻找食物呢!"

"不,还是用我身上的绒毛吧。你刚生过孩子,身体虚弱,还需要保暖,不能着凉……"

夫妻俩相互谦让,各自都争着要拽自己身上的绒毛,但谁也争不过谁,谁也劝不住谁。到后来,父亲每拽下一根自己身上的绒毛,母亲也要拽下一根自己身上的绒毛……它们你拽一根,我扯一根,一根一根地比着往下拽。它们全身的绒毛都拽光了,只剩下一个血肉之躯……

小绒鸭的父母用这种自残的办法,终于为小绒鸭做了一个温暖如春的窝。父母身上的绒毛成了孩子身上最温暖、也是世界上最温暖的"被褥",父母博大的爱化作了世界上最珍贵、最难得,同时浸满了最浓最深最大最重爱意的"摇篮"。

小绒鸭甜蜜、幸福地睡在这温暖无比的"摇篮"里,冷酷的严寒也悄悄溜走了,悄悄流下了它很少流下的泪水——那是被爱融化成的春水……

出生在北极冬天中的这一只小绒鸭,没有受到哪怕是很微小的寒冷的袭击。当它长大后,它的好朋友问起这其中的缘由时,小绒鸭想了想,给了朋友一个惊人的、同时也是催人泪下的答案——"因为我身上裹着的是我的父母!"

——这不是我随便编造出的一个童话,而是真真实实地发生在北极冰天雪地里的极其感人的一幕。正如法国作家儒尔·米什莱所说,这里的任何生灵,都因气候和险境的严峻而精神升华了。大自然赋予北极一种精神的美,这是别的地方所缺乏的。太阳永远照耀着北极,但它不是赤道的太阳,也不是别的地方的太阳,而是灵魂的太阳。

活 着

那年冬天，进藏采访。

采访车沿着青藏公路一路前行。在好多地方，我们从车上就能看到青藏铁路的施工现场。即使是零下好几度了，工程仍没有停。许多工人仍在工地上不停地忙碌着。

一天都快到傍晚了，我们却还没有找到可以停下来歇息的市镇。车到了一处地方，前面竖着一个大大的指示牌。指示牌上写着：因前面施工，交通中断两天，请来往车辆自行安排食宿。指示牌不远处，就是一个施工现场。这里原是一条河，河道的轮廓还清晰可见，已经干涸的河道中几根桥柱已然成形，很多工人正在桥柱边热火朝天地干着活，河道中堆满了各种各样的施工器材堵住了交通。旁边一条明显是新开的河道正缓缓地流着水。我们明白，一定是把原来的河水改道修桥，等桥修好后再把旁边的水引过来。于是，我们就只有将车停下。

施工场地旁边搭着许多工棚。工棚里人很少，只有几个做饭的师傅正在忙碌着。我们在工棚旁边选了一块空地，然后从车上取下了帐篷。

我们搭好帐篷，工地上的工人已收工了。他们一从工地上下来，就马上从工棚里拿出自己的碗筷，到灶上打饭。他们从工地上下来时，每一个人都是蓬头垢面，全身脏兮兮的。但所有的人却都是浑不在意，打好了饭，就顺便蹲着，开始吃饭。一个看上去年纪四十左右的汉子就坐在了我们旁边，他拨饭的筷子不停地翻动。一碗饭两分钟都不到，就下了肚，然后到灶上又打了一碗。

我们也在细嚼慢咽地吃着饭。感觉自己和绅士一样。我偶然间发现，这位在我们旁边正吃饭的兄弟，他的手基本上全是黑的，明显是沾了很多灰尘。我看着那双沾满了灰尘的手，正在不停地往嘴里拨饭，就感到胃里有什么东西要往上涌。突然，似乎是不小心，他碗里的一块红烧肉被拨到了地上，而且正掉在一块干牛粪上。他用筷子去夹，可能因为冷，手直哆嗦，没有成功。他干脆把筷子放在碗上，直接就用手去把那块肉捡了起来，然后毫不迟疑地就送进了嘴里。他把肉放进嘴里后，用力"吧嗒"了一下，然后转过头，向我们笑了笑，很满足很幸福的样子。

我感觉胃里的东西快涌到了嘴边，我连忙捂着嘴，装作肚子痛，跑向了工棚旁边的一个简易厕所。

等我出来。发现周围基本上已没有了什么人。我很惊讶。问正在收拾厨具的师傅。他们说所有人都到工棚里睡觉去了。我说这么快？那师傅看了看我，没有说话。

第二天一大早。我们正在酣睡。却突然听到了一片嘈杂声。我们起床,看到工地上已经又是忙碌的一片。

这天,我一直都在默默地关注着昨天在我们旁边吃饭的那汉子。久了,他似乎也注意到了我的目光。吃晚饭时,他走到我的面前,说,要过河啊?我点了点头。他说,别担心,我们现在正在赶工,明天你们就一定能过去了。我问,你在这几年了?他笑了笑,说,铁路刚开工,我就在这里了!我听了,问,没回去过?他摇了摇头,说,工程要赶工,回什么家啊。我看了看他沧桑的脸,问,四十了吧?他笑了,说,四十?俺今年才三十二呢!我感觉自己问了一个愚蠢的问题,就有点不自在。他却把刚吃完饭的碗端起,对我说,兄弟,在高原上工作,最要紧的。就是活下去,其他的都不重要。年龄更是其次。然后他伸出舌头,把刚吃完的碗又舔了一遍。

这天晚上,我躺在帐篷里怎么也睡不着。半夜时分,突然听到一阵喧哗。翻身起床,工棚里好像出了什么事,只见一群人正围在一个棚子外面,一个医生模样的人正在中央对一个人实施着抢救。我上前。看到被抢救的却是那汉子。他的脸色在微弱的光亮下显得惨白惨白的。过了一会儿,医生停了下来,无奈地摊了摊手。

人群中发出了一声轻微的"噢"声,仿佛怕惊扰了这夜晚的宁静。

我怔怔地看到汉子躺在床上的身体。与汉子同住一屋的人说，半夜里突然听到汉子发出了一声"啊"的声音，大家连忙起来，就发觉汉子已经快不行了。

几个人进来，把汉子的身体用一张白布盖上，然后抬了出去。我发现，所有在场的人，虽然悲痛，但却都表现出了一种异常的冷静。我有点诧异，悄悄问了旁边的一个人。那人说，不这样又能怎么样呢？上个月，我们的一个兄弟，头一天晚上还好好的，第二天早上就再也叫不醒了。

我的鼻子一酸。我明白他们为什么要那样狼吞虎咽地吃饭了，也明白他们为什么要以极快的速度吃完然后就进工棚去睡觉了。原来这一切，都是为了如那汉子所说的两个字啊。那两个字就是："活着！"

有一本书的书名叫《活着》，人的一生，其实也就是一本厚重的书，只有活着，才有机会翻开后面的一页。在青藏铁路通车后。有关方面统计，总共有逾四百名施工人员最终长眠在了高原上，他们都没有机会，再翻开本属于自己的那一页了。而青藏铁路的最终运行，其实也是为了延续他们每一个人的生命。为了让他们每个人的灵魂都能"活着"！

第二天，我们过了河。在过河时，望着工地上仍是一派繁忙的情景，我的心，却久久不能平静。

父亲的琴

父亲是自杀身亡的。他离开的那年,我9岁,妹妹5岁,母亲37岁。

多年以后回忆那个秋天的早晨,我可以隐约记起,母亲的眼神里实际上还有一丝平静,像是一个可以看到结局的预言家。

父亲死的那天,客厅里,那架老式的钢琴,琴盖没有合上。

那架钢琴是我们家唯一值钱的东西。

后来我母亲说,父亲快天亮的时候,起身弹过钢琴。琴声抑郁,像是一场伤感的梦。母亲说,她一直以为是自己在做梦,所以没有理会。

这成了我母亲后来多年一直懊悔不已的事。

父亲什么都没留下,只是隐约听说,他在自杀的前夜,写了大半夜的信。

从那一年开始,家里不再有音乐,父亲的钢琴,被母亲用一个大大的琴套给封住,四周用线细细密密地给缝了起来。

那已经是一架会令人感到伤怀的钢琴。

有时我提前放学回来,会看到母亲伫立在客厅窗前的背影,偶尔,我可以看见母亲站在父亲的钢琴面前,用布轻轻地擦拭那落在琴套上的细微的尘埃。

她看到我,总是会立刻收起那种专注和怀念的神情,走到厨房,开始准备一家人的晚饭。

事实上,我明白母亲的伤心。或者说,当时我以为我很明白。

父亲是从武汉过来的知青,他比我母亲小了整整4岁。来到小城,父亲成了小学的音乐老师。父亲弹得一手很好的钢琴。家里的那架老式钢琴,是母亲和父亲当年结婚时,加上积蓄还有母亲的嫁妆钱买回的。那是母亲执意的安排。

从我有记忆开始,我就记得父亲常常坐在客厅的藤椅上弹琴。那种专注和沉醉,令我常常觉得他和我们的距离有种说不出的遥远。

很多时候我想起父亲,都是安静而少语的,仿佛充满着困顿和心事。但他似乎从不和母亲交流,他也从来不与我和妹妹进行过多的对话。

父亲自杀前的一段日子,开始在家里喝酒,还无理由地旷工,不去学校教课。他的脾气和琴声也都开始变得狂躁,妹妹陪着我在房间里写作业,就可以听到琴声被撕裂,父亲的双手忽然拍打在琴键上的噪音。

我们都不晓得父亲为什么会变成这样。

多年后我才明白父亲的自杀是和抑郁症有关的。但在那个年代，似乎还没这样的研究和词汇表达。

我和妹妹渐渐长大，都在上海买了大大的房子。

我们决定将母亲接到上海和我们一起住。

但不知为何，母亲虽然同意来到上海，但故乡的老屋母亲执意不愿出售。我和妹妹也不再勉强。

回到小城接母亲的那天，我走进屋子，发现房间空荡荡的。除了父亲的那架钢琴和一把父亲生前常坐的藤椅，其余的东西母亲都送人了。

父亲的钢琴上那只尘封了十多年的琴套，已经被母亲拿了下来。

我看到拿下琴套的钢琴上方，多了两张放大的相片，相片上的年轻男子是我父亲，而另一个年轻的女子却不是我的母亲。

我有些纳闷地去看母亲，母亲却看着我，微微地笑。

她拿给我两封信。那是父亲在十多年以前留下来的。信纸已经发黄。一封是留给去世多年一个叫婉婉的女子，另外一封就是留给我母亲的。

这个即将离开小城的黄昏，我知道了一些母亲从未提过的关于父亲的故事。

父亲在武汉还没来到小城时，爱过一个叫婉婉的汉口女子。婉婉出生在钢琴世家，父母亲都是音乐学院的教授。父亲和婉婉的恋情遭到婉婉父母的一致反对，婉婉的心也开始动摇。

当年，父亲作为来到小城的知青，其实是负气过来的，压根没有想到再回去是如此的困难。

来到小城的第二年，父亲就在别人的撮合下娶了母亲。

虽然和母亲结了婚，也有了我和妹妹，但父亲的心里一直想着婉婉。

婉婉是父亲来到小城的第五年去世的，得了一场奇怪的病，去世前曾辗转打探到父亲的地址，写过一封信给父亲。在信里，她对父亲说自己一直没有结婚。

这个消息和不久后传来婉婉的死讯，令父亲内疚不已。十多年前，在父亲自杀前的那夜，留给婉婉的这封信里，父亲把自己多年来和母亲婚后还没有停止过的想念和愧疚，写了整整七页。

时隔多年我看到这封信，发现这封信里的想念和愧疚已经流露着一些病态。我知道那是父亲压抑了太久的结果。

在另一封给我母亲的信里，父亲除了表达无尽的歉意外，就是叮嘱母亲要将我和妹妹抚养长大。他在信里一再嘱托母亲可以把钢琴卖掉，让我们的生活可以过得好一些。

但我母亲没有这样做。在我们生活最困难的时候，她也没有那样做。她一直像在内心深处保留对父亲的记忆一样珍藏着这架钢琴。

母亲从藤椅上起身，走到钢琴面前，看着父亲和婉婉的相片轻轻地说,这一辈子,你父亲的钢琴只为一个女人而弹,就像他的心里,只住着一个他真正爱过的女人,而我的心,也只住着一个我真正爱过的男人,我不后悔这半生的岁月。

在黄昏的光影里,母亲打开琴盖,让手指轻轻地掠过琴键。

一只手的力量

荷生,如果有一天我需要你时,你可否帮助我?

她想了片刻,把这样的话打在屏幕上给我看:如果真有那么一天,我会给你一只手的力量。

荷生,你真小气。我兀自笑,对着屏幕敲打键盘:如果有那么一天,荷生,我一定给你双手的力量。我全部的力量。

谢谢。

荷生就是一个这样的女孩子,似乎说每句话前都要认真考虑,而且从来不说太好听的话。有时候我会想象她的样子,心里就勾画出这样一个女孩子:瘦瘦高高的,脸上略有棱角,眉眼带点冷漠的气质,微显凌乱的长发,不多言,有着灵巧美丽的手指——荷生的职业是画画,给一些画廊和家居公司复制一些名画,当做工艺品出售。

但没想着要刻意地见,类似这样的对话,也只是我们寻常聊天的一部分,和现实并无太多关联。荷生打字很慢,说话简单。

[01]

荷生是我阴差阳错捡来的好朋友。

在偏远小县城出生和长大的女孩，坚定地想要另一份生活，于是2004年夏天，我带着200块钱和在报纸上发的几篇小豆腐块来到省城西安，以为如此离梦想就近了，现实却是，一直和陌生人住着合租的房子，做着辛苦而收入低微的工作，在更多的时候出卖体力，只能忙里偷闲地，去网吧写点短的文章发出去，延续心底那份固执的热爱。

文章很少被发表，也许我只是热爱，并不具备这份天赋。省吃俭用，把不多的钱一点点积攒下来，希望有一天可以买台电脑，在自己的小屋里敲字。

2004年春节回家时，得知一个中学同学也去了西安，在她的家人那里，我得到了她的电话和QQ号。回去，电话却一直没有打通。那个时候我在一个私人的书店里做营业员，每天要工作到晚上10点钟。那天的情形糟透了，在我负责的漫画书区域里，竟然莫名其妙地失踪了一套书。半个月的工资被扣掉，还被老板熊了一顿。

于是，那晚带着一肚子的委屈跑去网吧，想找到那个同学，结果，我找到的是荷生。不知道号码是他们给错了还是我记错了，在我发出第6次问她"你在吗，我是文君"的时候，终于看到验证通过的回复，只两个字：你好。

以为是要找的人，就絮叨着说了起来，问她电话怎么回事，然后不等回答，就开始诉苦开始抱怨……结果，对方一直等我把这些乱七八糟的话都说完，才回了一句，每个人的生活都差不多，也许，说出来会好一些。

她没说错，说出来真的就好了一些，虽然并不能改变现状，可是心里觉得已经有人承担。如此，才想起忘记问她的情形，结果问了，她才说，我不是你要找的人。

我有些发呆，竟然对着一个陌生人絮叨了半天。

虽然不是你要找的人，可是谁听不一样呢？她慢慢地说。

实在是个太善解人意的女子。那天晚上，我就这样认识了荷生，将她留在我的好友名单里。

[02]

因为没有时间频繁上网，再碰到荷生，是一个月后了。夜晚11点半，她挂在那里，竟然还记得我，问，最近好吗？

回她，寻常。

她打了个笑脸。

其实我并没有太多朋友，在网上亦然，结果停顿半天，又跟她聊了起来，才知道原来荷生住在兰州，我们根本不在一个城市。

渐渐地，知道一些彼此的生活情形。一次，她建议我，如果只是想写点字，其实可以买一台二手电脑，几百块钱就够了，这么晚待在网吧实在不安全。

我同她，已慢慢开始有了朋友的感觉，她可以给我建议，还给我关心。

我听从荷生的建议，几天后，花400元买了一台二手电脑。很旧了，屏幕又小，可是能用。这样，每天晚上都可以在电脑前坐一会儿，有时候会上网，有时只是飞快地写点小文章，只想多攒下一点钱，改变这种生存方式。

网上，偶尔碰到荷生，像熟稔的朋友一样打个招呼。与我相反，似乎她并不喜欢倾诉，至少，从不对我倾诉。她更善于倾听，说话始终简单，用得最多的几个字是：在。是吗？开心点。会好的……但是我自己知道，在这样的生活里，有一个纵容你倾诉的人多么难得。何况，虽然她话不多，但我能感觉到她的关心。看来，她同我一样，珍惜我们的相识。

[03]

认识荷生半年后，我应聘去了一个私人办的报纸副刊做编辑，那些不怎么彰显的文字帮助了我。得到聘用通知后，即刻跑回去打开电脑找荷生,网络是我们唯一的联系方式。她却不在线,直到第二天晚上,看到她的回复,说了4个字:好好工作。

我已习惯她语言的简约,我同她,像心灵默契的好友。

那3个月,我异常刻苦,熬夜成了寻常事,因为试用的6个人只会留下两个,竞争很残酷。

3个月后,我却被告知试用不合格,另谋出路。拿着那点可怜的工资离开时,才知道其实名额开始就是内定好的,我们几个人,不过是这个形式的衬托。

我再一次失去工作,而几天后,同住的女孩趁我不在消失了,一同消失的还有我的旧电脑和几件稍微体面点的衣服。当时除了茫然,我没有任何抱怨。那个来自四川的女孩子生活得更不容易,一直在小饭店里端盘子,赚来的一点点钱还要供养弟弟读书,我们生活在同一个屋檐下,却始终无法成为朋友,最后以这样的方式分开。

我茫然地坐在网吧里,等到快10点荷生才出现。我说,我又没工作了,电脑也丢了。

快两年的时间,她竟然成为我最放心倾诉的人。我的快乐和不快乐,都交给她来承担。

伤心吗?

是的。

好半天的沉默,她问,需要我的帮助吗?

好半天的沉默，我说，是的。

忽然就趴在键盘上哭了，屏幕上一片凌乱。

[04]

之后好些天，却没有荷生的消息，手里的那点钱不再敢乱花，我又开始满世界地找工作。曾经有过被一些小饭店欺骗克扣工资的经历，而规模正规的饭店不肯接受我不到160厘米的身高，其他的工作不是说碰就能碰到的，有一天看了报纸去应聘一份工作，差点被骗去做传销……那个晚上跑去了车站，心里冲动着想买张车票回家去，可看着忽然在站口拥出的进城的人群，才发现，我已经回不去了——至少，我不能这样回去，否则失败将如影随形。无论我在哪里。

那晚，在网吧待了整整一晚，问了几遍荷生，她的头像始终暗着，没有回应。心里泛起一丝苦涩，竟然连她，都要在这个时候抛弃我了。是啊，她有什么义务呢？说到底，我们也只是陌生人。

我再无话可说，对她下意识的依赖加重我的茫然。疲惫加困倦，我几乎要趴在电脑前睡着，瞌睡中，却忽然听到QQ嘀嘀的提示，有人在同我说话。

抬起头，竟是荷生，她说，明天，你去北院门的某某画廊应聘营销策划吧,自信一些,精神饱满一些。会成功的,我保证!

你是跟我说话吗?

不是你又是谁?除了西安,别的地方还有北院门吗?

荷生的头像又暗下去,再问,不再答话。我如坠云雾,她在兰州,自己说,从来没有来过西安,怎么会知道这里的事情?

但还是飞快跑回去好好睡了一觉,调整好自己的情绪,决定按她说的,去那家画廊应聘。毕竟,是一个未知的希望。

[05]

9点钟,准时到达那家画廊,门前熙熙攘攘,好像在搞什么活动。挤过去,却看到所有人都正围观一个年轻的女孩现场作画。女孩站在那里,个子不高,头发短短的,微微凌乱,手指灵巧美丽。很小的空隙,她抬起头,是一张干净柔和的面孔,像每个人生活里都会出现的那种面容干净、眼神羞涩的乖巧女孩。和我想象过的荷生,并不一样。

她对着观看的人微笑,眼神温柔扫过,似乎在寻找什么,又低下头去继续画画,她的面前,一幅漂亮的城市画面正渐渐成型,有喝彩声和掌声不断响起,而她,一个用左手作画的女孩——那是她唯一的手。

一只手的女孩子,打字才会那么慢,要付出常人无数倍的努力才能拥有今天，却从来不倾诉，理解别人的生活疾苦，真诚地实践自己的承诺，对一个萍水相逢的陌生人的承诺。她只有一只手，却比许多健康人都更懂得珍惜。

想起荷生对我说的那句话：如果真有那么一天，我会给你一只手的力量。

这一只手的力量，已足以温暖我此后的人生。

眼泪，无声地落在那幅画面中一栋房子的顶端，淡淡浸润开来。荷生的手一停顿，抬起头看着我，微笑，文君，你来了。

吾家有女正成长

由于我和妻工作都实在太忙,小女儿三岁那年的一个春节,我们决定把她从南京送到哈尔滨的她外婆家。但是我和妻都抽不出时间送她去,正好妻听说了航空公司有无人陪伴小孩登机的业务,就是被大家戏称的航空邮寄宝贝业务。于是我们决定把女儿航空邮寄到哈尔滨。

说实在话,这之前我和妻对这行为确实有太多的担心:虽然女儿在近两岁时坐过飞机,有一点的记忆,但那是有外婆陪伴的。而且女儿毕竟太小,只有三岁啊,在飞机上没有爸爸妈妈陪伴到底行不行呢?妻就征求女儿的意见,没想到她竟然一口答应,而且还十分高兴的样子。但是妻还是不放心,为了让女儿充分了解登飞机的有关情况,就一遍又一遍地给她讲坐飞机的一些事情。女儿竟然也听得认真,很快就了解了有关事宜,自己还没事就把我们为她准备的小行李箱倒腾出来,兴高采烈地演练登飞机。看女儿这样,我们就决定了这计划。

在送女儿去机场的那天,我没有去。一是工作真的忙,抽不出时间;二是我从心底里怕去机场,怕看到女儿那小小的身影孤独地走进候机厅。妻只好自己送女儿去登机。

　　妻和女儿去机场后,我一会儿就打个电话问问情况,心里总是放心不下。妻似乎也被我弄得不耐烦了。直到送完女儿登上飞机,妻给我回电话说:女儿已经上飞机了,挺好的!我第一句就问:她哭了吗?妻在电话那头说:没有,一到机场,办完登机手续,女儿就跟着一位机场的阿姨、背着小包进候机厅了,临走还高兴地和我说再见呢。

　　我能听出妻在说这话时声音有些哽咽。我听了没有说话,心中有一种说不出的感觉,脑海中想着小女儿牵着一位陌生阿姨的手、小小的身影走进候机厅的情形,想着女儿那时会想什么呢?想着三岁的女儿为什么竟然没有哭呢?想着想着,我自己的眼睛就不自觉地热了!

　　到了哈尔滨,女儿打来电话报平安。我忍不住问她上飞机时为什么没有哭,女儿稚气地说:爸爸妈妈都没时间,我来哈尔滨挺好的,所以我不哭啊!

　　放下电话我还和妻开玩笑:看来女儿长大了,根本就不像我们想象的那样恋着我们啊!说这话时,我的心中竟然有隐隐的失落。

　　女儿在哈尔滨呆了近两个月。当然其间经常有电话联系。每次我和妻都问她想不想爸爸妈妈,而女儿每次却似乎刻意地回避回答这问题,实在问急了,就说想啊,听起来多少有敷衍的味道。于是我就似乎更失落了。

两个月后女儿是与外公外婆一起坐火车回来的。那天我和妻一起去车站接站。等列车停稳了，我和妻就一起向女儿他们乘坐的车厢跑去。等跑到车门处，正好岳父抱着女儿刚准备下车门。女儿一眼就看到跑在前面的我，突然大声地喊了一声：爸爸！这时候我看到的是女儿洋溢着笑容的小脸！

我赶紧走上前准备接过她来，就在还没有抱到她的瞬间，女儿又喊了一声：爸爸！这第二声爸爸一出口，我就看到女儿刚才还洋溢着笑容的小脸上挂满了泪花！也是这第二声爸爸，我的眼泪竟然也止不住流了下来！

我三岁的小女儿一下就扑到我怀里，双手紧紧地搂住我的脖子，小脸紧紧地贴在我的肩膀上，好像生怕我再放下她似的。妻赶上来接过女儿，小女儿就又紧紧地抱住妻，不停地亲着妻的脸，而眼泪流得更凶了，但是小嘴巴却在笑着！我当时想，女儿的这动作传递着太多的思念，太多的爱恋！女儿在这一瞬间把自己的情感完全流露出来了！这是最真实的情感！这是最纯真的情感！

在这一瞬间，小女儿的眼泪和呼喊使我忽然明白了：原来三岁的女儿其实什么都知道：她知道我们送她去哈尔滨是没有办法；让她独自乘坐飞机也是没有办法；在哈尔滨尽管想我们她也没有办法，所以她在我们面前表现得很高兴去哈尔滨；所以她去机场独自登机坚持不哭；所以她在电话中刻意回避想不想我们的问题——而我们却自以为是的老是问她这些愚蠢的问题！

经历了这件事后，我就经常一个人静静地看着女儿游戏，看她纯真的笑容，听她稚气的话语！然后我就觉得，其实我们有太多的地方并不真正了解我三岁的小女儿，甚至有时候我们实在是低估了孩子的情感，所以我们往往用我们被世俗化了的情感思维去对待孩子纯真的情感，往往用我们世俗化了的行动去干扰孩子纯真的本性。其实太多的时候、太多的地方我们做得并不比我们的孩子好，她们才是真的化身！

所以我现在经常想，我们其实应该和三岁的女儿一起成长，这也是我现在的期望和要做的事。

童心未泯的人

[01]

上上世纪的一个黎明,在巴黎乡下一栋亮灯的木屋里,居斯塔夫·福楼拜在给最亲密的女友写信:"我拼命工作,天天洗澡,不接待来访,不看报纸,按时看日出(像现在这样)。我工作到深夜,窗户敞开,不穿外衣,在寂静的书房里……"

"按时看日出",我被这句话猝然绊倒了。

一位以"面壁写作"为誓志的世界文豪,一个如此吝惜时间的人,却每天惦记着"日出",把再寻常不过的晨曦之降视若一件盛事,当作一门必修课来迎对……为什么?

它像一盆水泼醒了我,浑身打个激凌。

我竭力去想象、去模拟那情景,并久久地揣摩、体味着它——

陪伴你的,有刚刚苏醒的树木,略含咸味的风,玻璃般的草叶,潮湿的土腥味,清脆的雀啾,充满果汁的空气……还有远处闪光的河带,岸边的薄雾,怒放的凌霄,绛紫或淡蓝的牵牛花,隐隐战栗的棘条,月挂树梢的氤氲,那蛋壳般薄薄的静……

从词的意义上说，黑夜意味着"偃息"和"孕育"；而日出，则象征着一种"诞生"，一种"升蠹"和"伊始"，乃富有动感、汁液和青春性的一个词。它意味着你的生命画册又添置了新的页码，你的体能电池又充满了新的热力。

正像分娩决不重复，"日出"也从不重复。它拒绝抄袭和雷同，因为它是艺术，是大自然的最重视的一幅杰作。

黎明，拥有一天中最纯澈、最鲜泽、最让人激动的光线，那是生命最易受鼓舞、最能添置信心和热望的时刻，也是最能让青春荡漾、幻念勃发的时刻。像含有神性的水晶球，它唤醒了我们对生命的原初印象，唤醒体内某种沉睡的细胞，使我们看到远方的事物，看清了险些忘却的东西，看清了梦想、光阴、生机和道路……

迎接晨曦，不仅仅是感官愉悦，更是精神体验；不仅仅是人对自然的欣赏，更是大自然以其神奇力量作用于生命的一轮撞击。它意味着一场相遇，让我们有机会和生命完成一次对视，有机会认真地打量自己，获得对个体更细腻、清新的感受。它意味着一次洗礼，一次被照耀和沐浴的仪式，赋予生命以新的索引，新的知觉，新的闪念、启示与发现……

"按时看日出"，是生命健康与积极性情的一个标志，更精神明亮的标志！它不仅仅代表了一种生存姿态，更昭示着一种热爱生活的理念，一种生命哲学和精神美学。

透过那桔色晨曦,我触摸到了一幅优美剪影:一个人在给自己的生命举行升旗!

[02]

与福楼拜相比,我们对自然又是怎样的态度呢?

在一个普通人的生涯中,有过多少次沐浴晨曦的体验?我们创造过多少这样的机会?

仔细想想,或许确实有过那么一两回吧。可那又是怎样的情景呢?比如某个刚下火车的凌晨——

睡眼惺忪、满脸疲态的你,不情愿地背着包,拖着慵懒灌铅的腿,被浩荡人流推搡着,在昏黄的路灯陪衬下,涌向出站口。踏上站前广场的那一刹,一束极细的腥红的浮光突然鱼鳍般拂了你一下,吹在你脸上——你倏地意识到:日出了!但这个闪念并没有打动你,你丝毫不关心它,你早已被沉重的身体击垮了,眼皮浮肿,头昏脑胀,除了赶紧找地儿睡一觉,你什么也不想,一刻也不愿再多呆……

或许还有其它的机会,比如登泰山、游黄山什么的:蹲在人山人海中,蜷在租来的军大衣里,无聊而焦急地看夜光表,熬上一宿。终于,当人群开始骚动,在啧啧称奇的欢呼声中,大幕拉开,期待已久的演出开始了……然而,这一切都是在混乱、嘈杂、人声鼎沸和拥挤不堪中进行的。越过无数的后脑勺和下巴，你终于看到了，那个与电视里一模一样的场面——像升国旗一样，规定时分、规定地点、规定程序。你突然惊醒：这是早就被设计好了的，早就被导游、门票和游览图计划好了的。美是美，但就是感觉有点儿不对劲：不自然，有人工痕迹，且谋划太久，准备得太充分，不免"主题先行"的味道，像租来的、买来的……

而更多的人，或许连一次都没有！

一生中的那个时刻，他们无不蜷缩在被子里。他们在昏迷，在蒙头大睡，在冷漠地打着呼噜——第一万次、第几万次地打着呼噜。

那光线永远照不到他们。照不见那萎靡的身体和灵魂。

[03]

放弃早晨，意味着什么呢？

意味着你已先被遗弃了。意味着你所看到的世界是"旧"的，和昨天一模一样的"陈"。仿佛一个人老是吃经年发霉的粮食，永远轮不上新的，永远只会把新的变成旧的。意味着不等你开始，不等你站在起点上，就已被抛至中场，就像一个人未谙童趣即已步入中年。

多少年，我都没有因光线而激动的经历了。

上班的路上，挤车的当口，迎来的已是煮熟的光线，中年的光线。

可，即使你偶尔起个大早，忽萌看日出的念头，又能怎样呢？

都市的晨曦，不知从何时起，早已变了质——

高楼大厦夺走了地平线，灰蒙蒙的尘霾，空气中老有油乎乎的腻感，老有挥之不散的汽油味，即使你捂起了耳朵，也挡不住出租车的喇叭声。没有真正的黑夜，自然也就无所谓真正的黎明……没有纯洁的泥土，没有旷野远山，没有庄稼地，只有牛角一样粗硬的黑水泥和钢化砖。所有的景色，所有的目击物，皆无施洗过的那种鲜艳与亮泽、那种蔬菜般的翠绿与寂静……你意识不到一种"新"，感受不到婴儿苏醒时的那种清新与好奇，即使你大睁着眼，仍觉像在昏沉的睡中。

[04]

千禧年之际，不知谁发明了"新世纪第一缕曙光"这个诗化概念，尔后，又吸引了"文化搭台，经济唱戏"的政府投资，再经权威气象人士的加盟，竟打造出了一个富有科技含量的旅游品牌。为此，浙江的临海和温岭还发生了"曙光节之争"（南京紫金天文台将"曙光"赐予了临海的括苍山主峰，北京天文台则咬定在温岭，最后双方达成协议，将"曙光"大奖正式颁给了吉林珲春。）一时间，媒体纷至沓来，电视现场直播，鞍马争趋，庙门披红，山票陡涨，那峦顶便成了寸土寸金的摇钱树，其火爆程度俨然当年大气功师的显灵堂，香客们的虔诚劲儿仿佛领受佛祖之洗……

其实，大自然从无等级之别，时间符号只是人为的制造，对大自然来说，根本不存在厚此薄彼的所谓"新世纪""第一缕"……看日出，本是一种私人性极强、朴素而平静的生命美学行为，而一旦搞成热闹的集市，搞成一场阵容豪华的商业演出，也就失去了其本色的自然含义。想想我们平日的冷漠与昏迷，想想每天的昏头大睡，这种对"光阴"的超强重视简直是一种讽刺。

对一个习惯了对自然的漠视、又素无美学心理积淀的人来说，即使那一刻，你花大钱购下了山的最制高点，你又能领略到什么呢？又能比别人多争取到什么呢？

爱默生在《论自然》中道："实际上，很少有成年人能够真正看到自然，多数人不会仔细地观察太阳，他们至多只是一掠而过。太阳只会照亮成年人的眼睛，但却会通过眼睛照进孩子的心灵。一个真正热爱自然的人，是那种内外感觉都协调一致的人，是那种直至成年依然童心未泯的人。"

应该说，真正热爱日出的，像福楼拜，即这种童心未泯的人。还有梭罗、史蒂文森、普里什文、蒲宁、爱德华兹……我甚至敢断言，假如他们能活到今天，在那所谓"第一缕曙光"照着的地方，一定找不着他们的身影。

无论何时何地，我们只有恢复孩子般的好奇与纯真，只有像儿童一样精神明亮、目光清澈，才能对这世界有所发现，才能比平日看到更多，才能从最平凡的事物中注视到神奇与美丽。而成人世界里，几乎已没有真正生动的自然，只剩下了桌子和墙壁，只剩下了人的游戏规则，只剩下了同人打交道的经验和逻辑⋯⋯

背叛童年的成年人算什么人呢？浑沌、黯淡、萎靡、失明⋯⋯

值得尊敬的成年人，一定是那种"直至成年依然童心未泯的人"。

装满谎言的篮子

大清早,天空还没有露白,家乡的弟弟就来了个急电话,语气仓促地对我说母亲病得挺厉害,我急急地放下手中的工作,坐上车火速就往老家赶去。

病榻上的母亲脸色苍白,没有一点儿血色,眼睛模糊地已看不清东西了,癌魔把她折磨得已奄奄一息。听说我从外地赶回来了,母亲极想挺起身来,但却早已没了那半点儿气力。我赶紧扑上前,抓住她那瘦骨嶙峋的手,慢慢地搀扶着她,倚在床头,此时我眼中的泪水却一拨拨地直往下滴,心被揉碎了,伴着母亲一块儿疼痛。

我这个学医的儿子,曾经救过很多人的性命,但现在我却无力医好自己的母亲,想到这,我使劲地抓挠着自己的头皮,心绞般刮痛。母亲听出了我的低声啜泣,她气喘吁吁地抬起了手,艰难地摩挲着我的脸颊,嘴角露出一丝苦涩的笑:"快别哭,儿子,妈什么病都挺了过来,这次也会没事的,看着你回来,我就好了许多。"我心里清楚,母亲是怕我担忧,又继续编造着她的谎言了。从小到大,我记不清母亲的话里有过多少"我不、我不"这样爱意的谎言，一直以来，我是伴着那些谎言长大的。

在我刚懂事的那年，父亲突然发生了一场意外离开了人世，留下了我们母子3人，这对母亲是个不小的打击，家里突然少了根顶梁柱，她的血顿时如被抽空了般，没了魂魄，整个人呆傻了，整整坐了3天3夜，泪也干枯了。隔着墙，在夜里，我常听到她低哑的泣声。家里原本很一般的日子，现在更加拮据了。她才拿三百来元钱的工资，吃力地供我们兄弟俩继续上学。每次吃饭的时候，母亲总是先忙着给我们俩盛上满满一大碗饭，我们饿极了，狼吞虎咽的吃样，让一旁的母亲很开心，但那笑容里有一丝苦涩，她的手中举着半碗饭，久久不动，我边扒拉着饭，边惊奇地问："妈，你咋不快吃？"母亲看着我们兄弟："快吃，吃饱了好上学，妈现在不饿。"那时我一直想，母亲的饭量都很小，却不知这是她饿着肚子，对我们说下的第一句谎言。

随着我们兄弟的渐渐长大，家里的日子越发捉襟见肘了，尤其是弟弟，发育得一直孱弱纤细，整个一个小黄脸，不像个男孩子。母亲急在心，周日休息时，她骑上自行车，叫上我们哥俩，跑到城外的小河，挽起裤腿捞小鱼。晚上，她就在厨房里忙活开了，淡淡的鱼香味霎时传了出来，弟弟馋得舌头不停地在嘴里画着圈。到了开饭的时间，3人围坐在桌前，母亲把鱼块一分为二，分别夹给了我们，而她却用舌头舔啧着鱼骨上的肉渍，大口地喝着剩下的汤。我赶紧把碗里的那块鱼放在她碗里，母亲眼一瞪，又给送了回来："你们快吃，妈就喜欢吃这一口，骨头和汤里也挺有营养。"

父亲走后的日子里，母亲一个人撑着这个家，吃尽了苦头，白天她在单位上班，晚上就忙着赶做从居委会那里拿来的一些机绣活，挣点微薄的家贴。半夜我一觉醒来，发现屋里的灯还亮着，寂静的夜里只听见"刷刷刷"的缝纫机声。母亲弓着腰，头低垂着，整个身子趴在缝纫机上。我揉着眼睛，心抖颤得厉害，鼻子一酸，哭出了声："妈，快睡吧，别再做了！"母亲抬起了头，揉了揉发红的眼睛，低声对我说："别出声，赶明儿你们还要上学呢，妈不困。"又低下头，一阵"刷刷"的机器声传遍了寂静的黑夜。

同院有个李叔叔，早年死了女人，下岗后一直在胡同口修个电器什么的，看到我们家的日子过得艰难，有事没事他就有心过来帮一把，搬煤、买粮、修自来水管……母亲对他有说不出的感谢，每次送别时眼圈都红红的，在他的背影里站立好久。邻居王大妈看在眼里，一心诚劝母亲再嫁个男人，帮助料理这个家。母亲想了好久，叹了口气，苦笑地摇了摇头："现在孩子小，这事不早谈，再说我也不想嫁。"王大妈听罢直叹气："怎说你，真苦了你一个女人家。"母亲那时才刚到40岁，却从此不提婚姻上的事，硬是一个人走到了老。

母亲是个坚强的女人，无论生活多么艰难，很少在我们面前落泪。一次我和弟弟都要交书费,约有二百多元钱,母亲没了辙,急得腆着脸来到大伯家,家穷亲情薄,大伯倒没多言语,大伯母却阴着脸,很不放心,非要让母亲立个字据,说现在就时兴这个,以备后患。母亲的脸火辣辣的,泪在眼里直打着圈,后来,我知道了这个情况,说什么也不想再读书了,母亲摸着我的头,一脸的坚决:"怎不念书?一定要好好念,妈有能力供养你。"接过那钱,我趴在她怀里大哭了一个晚上。为了挣钱,母亲开始做起了钟点工,早上4点就起床,帮助一家早餐油条店打下手,晚上就赶到一家酒店收拾卫生,回来后就忙着做机绣活,累得她常咳嗽至大半夜。母亲一直这样艰难地挺着腰,拉扯着我们,终于熬到了我上了大学,又毕了业,弟弟也在城里找了份工作,家里的情形才好了许多。母亲在农贸市场又摆了个小地摊,卖些头夹胸花什么的,日子依然很忙碌。我看在眼里,每月工资一发下来,就分文不少地寄回了家,有心让她补养点,自己再靠做点儿家教挣些生活费。

不久母亲就来了电话,说以后别寄钱了,要我们自己先攒上,后来她见执拗不过我,干脆把钱存了起来,她打电话告诉我:"我自己现在很好,钱足够花的。"这让我的心常一阵温热,想起来就潸然泪下。

长期的挑灯熬煎,让母亲的视力越来越模糊了,最后几乎什么也看不见了,几次我都领她出来看医生,她总是不住地唠叨着:"我没事,没事,人老了,花那钱干吗?"后来我在南方结婚安下了家,我含着泪把母亲的故事一遍遍地讲给妻子听,她也是心软的人,被感动得涕泣着,一个劲央求我说:"快把母亲接来一起住,我们要让她晚年里享点儿清福。"母亲知道后,连忙捎话给我们:"在家里我生活挺好的,你们别操心,我不习惯住在大城市里。"母亲的爱又一次在谎言的篮子里装着。

母爱就是一只装满谎言的篮子,细腻、平凡甚至琐碎,虽然并不惊天动地,却一样至真至美,常让我为它所感动。有时我就傻傻地想着:母亲辛苦了大半辈子,她的幸福时光来了,现在我们都长大成人了。

可是母亲却没有等到我们给她幸福时就开始患病了,长期的咳嗽最后变成了癌,在60岁那年,坚强的她终于倒在床上,生性坚强的她还想努力地站起来,却又被病魔压了下去。在我回到家不久,母亲拉着我的手走了,我哭着喊着,就这样看着她越走越远,身影远离了我们的视线,可是那只装满母爱谎言的篮子却永远留在我的心中——一生一世。

03

十七岁的夏天

暗恋的孤独

电影《大鼻子情圣》中的西哈诺是一个极有风度的骑士,也是极有才华的诗人,他的勇敢、仗义和才思无人能及,但是,他还有一个让他时时刻刻耿耿于怀的显著标志——如山一般突兀地"耸立"在脸上的大鼻子。他暗恋美丽的表妹,却因为大鼻子而苦恼着不敢表达。他甚至仇恨自己的大鼻子,它稳稳当当地"坐落"在脸上,却毁掉了一个男人在爱情上的自信。

西哈诺的表妹是风雅的作家,和草包肚子小帅哥克里斯蒂安一见钟情。表妹约会西哈诺,让西哈诺受宠若惊,以为将得到表妹的爱情。没想到表妹说了一箩筐好话就是为了让他照顾一起从军的情人。西哈诺忍痛应承。

小帅哥遇到了难题。女作家要求他写情书,写那种感情充沛、言语动人并且饱含真知灼见的情书——她希望自己的爱人不仅有英俊的外表,还要有丰富的内心。西哈诺想出了一个"万全之策"——由他来写这些情书,算在小帅哥头上。

从此。西哈诺勤勤恳恳每天都要写下洋洋洒洒的文字。差人送到表妹手上。不明就里的表妹因为这些情书而热烈地爱着实际上说不成一句整话的小帅哥。风雨大作的夜晚。小帅哥在表妹的闺房外说着绵绵情话,让表妹激动不已,却不知道其实这个出口成章的恋人原本是躲在黑暗里的大鼻子表哥。

战争来了,小帅哥战死,表妹悲痛欲绝。遁入修道院为才华横溢的爱人守节。西哈诺照样陪伴着表妹,为她说笑话、扮小丑。直到被人加害快要命赴黄泉的时候,表妹才从他讲出临终遗言的语气分辨出那个夜晚的声音。表妹悲喜交集,她发现一直爱她也一直被她深爱的那个男人原来是这个大鼻子。

西哈诺在表妹的拥抱中说了最后的话:"可是,亲爱的爱人,我不爱你。"

原来,暗恋可以这么美丽、这么尊严、这么骄傲地孤独!

清　白

在一个小城市的小宾馆，他坐在房间里，眉眼低垂，双手紧握，透出一贯的紧张。仿佛一把破旧的弓，稍微再加一分力，弦就会断掉。

他已经57岁了。看上去甚至更老些。虽然头发剃得很短，指甲整洁，衣服旧却干干净净，但他一直摆脱不了那个可恶的称谓：强奸犯。一桶脏水兜头泼下，连心灵都被污黑了。

35年前，他还是青春葱郁的青年，在一家国营商店卖布，常常将上好的各色丝绸哗啦啦展开，量好剪开，"刺"地撕下一匹。那绵软溜滑的水样丝绸，将他的一双手和一颗心，滋润得舒美洁白。有时，他也会买一匹时兴的丝绸带回家，小儿摇摇摆摆地跑来，撞进他的怀里，将热乎乎的气吐在他的脖子里，父子一起咯咯大笑。妻子含笑端菜上来，全部是他喜欢的菜肴，香气四溢，正好喝上二两花雕。

他以为这样的幸福会天长地久，让他一直骄傲，可是，人生转瞬即变。他莫名其妙地被邻居夫妇指认为强奸犯，说他趁家中无人，"欺负"了他们年仅13岁的侄女。那个小女孩，他只在楼梯口见过一面,蹦蹦跳跳地喊叔叔好,他还从口袋里摸出一颗糖给她,她天真地笑着,说谢谢叔叔!

只过一天,这位"给糖"的叔叔就成了强奸犯。证据呢?证据呢?傍晚,他在家里被警察扭转双手送去局里时,大叫大嚷,满面通红。他终究被塞进了车里,只听到儿子椎心泣血的哭声越来越远。

亲口指认的小女孩就是人证,那张不曾扔掉的糖纸就是物证。虽然他始终不曾认罪,屡次上诉,仍然被判无期徒刑,并且担负沉重的经济赔偿。他以头撞墙,写血书,绝食,以示清白,却只得到更严厉的看管。渐渐的,他变成一个老实肯干的犯人,幸运地获得几次减刑,终于在30年后重见天日。

一步步迈出大牢,站在没有铁丝网的蓝天下,看着长出胡子的儿子,和消瘦默然的妻子,他卑微地低下头去。一生能有几个三十年?过去骄傲的幸福男人,已经被毁。

家在很偏远的地方,小小的40平方米,非常简陋。因为他的入狱,妻儿总被街坊指指点点,生活也捉襟见肘,不得不几次搬家。但晚餐,仍然备了他最爱吃的红烧肉和清蒸武昌鱼。儿子起身,恭敬地敬一杯酒说:"您回来了就好。"他低头,把酒合泪,一干而尽。

他只在家里的沙发上睡了一晚,便带上随身衣物离家出走,只留下一张简短的纸条:对不起你们,但我一定要找到证人,证明清白。

他什么都干。在建筑工地搬运水泥,在饭店洗盘子,收卖废品,只求糊口。夏天他拉张席子睡在天桥下,冬天他卷着破棉絮瑟瑟发抖地躲在桥洞里。他没有交流的需要,常常陷入一个人积郁多年的忧愤之中。

在某个城市的工地,他认识了一个年纪相仿的单身汉,有了第一个朋友。他们一起喝酒,他哭他的冤屈,朋友跟着落泪。朋友拿出积蓄帮他,并且陪他到电视台某纪实栏目寻求线索。

电视台费尽周折,他终于在寻找5年之后,得以与当年的女孩见面。如今,她已经是48岁的老妇人。

他就在小城市那家约好的宾馆等着,绷得如根弓弦。

谁知见面之后,妇人仍一口咬定,当年就是他——毁了她的一生。她激动,愤怒,觉得羞辱,短短几句之后便要拂袖而去。讷于言的老人,抢步上去,扑通一声,跪倒在她的面前,声泪俱下:"当年那个人真的不是我啊。我不怪你冤枉了我,只求你还我的清白!这些年我到哪里都抬不起头啊……"

妇人不为所动,厌恶地绕开他,夺门而逃。

老人埋头哽咽。一直相陪的朋友,含泪拍着他的肩膀。

一切既成定局,记者连线他久未联系的妻子,询问她的态度。

她语气平静,缓缓道:"35年了,生活大变了。可你送给我的丝绸还在,柜里也一直备着花雕酒。我们等你回来,好好过日子。无论别人说什么,你的清白无需证明。"老人朝摄像机抬起头来,又有泪水滚落。

当年,或许是13岁的女孩在极度恐惧痛苦中认错了人,或许他和邻居曾经不和终被嫁祸……找到理由重要吗?重要,可是,不及今后的岁月重要,不及亲朋的挚爱重要。他经过牢狱之灾,卑微贫穷,执著地想要洗净心上的脏水,却不知道,在爱他的人那里,清白永远无需证明。

他终于决定回家,"每天和家人一起吃早饭,晚上睡到自己的床上",把冤屈和仇恨都忘掉,把清白和爱,还给那个伤痕累累的灵魂。

最美的星星

那段时间，她正焦虑不安地守在女儿的病床前。看着漂亮活泼的小女儿被化疗折磨得不成样子，头发大把大把地脱落，她的心，每日游走在水与火的边缘。而那个一向活泼快乐的小女孩儿，在哭过闹过之后，终于平静地接受了这个现实。她不忍再看到自己亲爱的妈妈为她而痛苦："妈妈，如果我走了，会变成一颗天上的星星，妈妈每晚看着那颗最亮的，就是我在对着妈妈笑呢。"

妈妈扭过头，泪水模糊了眼睛。他们倾其所有，为女儿做化疗，却不知道最终的结果会如何。看他们窘迫痛苦，有好心人建议，让她不妨到市骨髓捐献处做个骨髓化验，既省下一笔昂贵的化验费，又能很快知道自己的干细胞与女儿的是否匹配。

她果真去了，坐了很远的长途车到市里的红十字血液中心，签署了一份骨髓捐献志愿书，并做了血液采样。冥冥之中，她一直坚信自己的骨髓能挽救女儿的生命。

接下来，是一段漫长的等待。每天，她都把手机放在自己的手边，眼巴巴地等待着血液中心的来电。一周漫长得如同几个世纪，血液中心的电话终于打来了。听着医生激动的声音，她的心狂跳不已。医生有些语无伦次地说，完全匹配。她兴奋得差点晕过去，她真的能救女儿了。可医生接下来的一句话，又把她从希望的云端打入绝望的深渊，她好半天才明白，医生说的完全匹配，不是她和女儿，而是另一个陌生的7岁男孩。她的骨髓与另一个与她毫不相干的陌生男孩完全匹配。她蒙了。

回头望望女儿，眼里是满满的渴望："妈妈，医生怎么说？"她的话，几次到嘴边，又咽回去了，她不知道，该如何把这个残酷的现实告诉女儿。

血液中心的工作人员，不断地打电话来，很委婉地讲明他们的意图，他们希望她能救救那个可怜的孩子。她沉默了。她已很清楚骨髓捐献的整个过程，断断续续要持续半个月的样子，那就意味着，她要有十多天不能守在女儿的病床前。还有更多的担心，她担心自己的身体再也吃不消，担心女儿会接受不了这个现实，担心……与医生们讲了这种种的担心，她的电话安静了，再没有人来向她要求那件事。

她的心却有了隐隐的不安，每每面对女儿那双充满渴望的大眼睛时，她就不由自主地想到另外一个孩子，他也同自己的女儿一样，正在焦急地等待着救命的使者。还是找了一个机会，把事情的前前后后对女儿讲了。一向懂事的孩子，听完就抑制不住地大哭，她确实有太多的委屈，自己最亲爱的妈妈，不能救她，反倒还要离开她，去救助另一个与他们毫不相干的人。女儿蒙着头,哭得一塌糊涂,她的心,被女儿的哭声,割得七零八碎,她开始后悔告诉孩子自己那个愚蠢的选择。

再一次接到那个电话时,是一个女人的声音。很温柔,小心谨慎,甚至有一些低声下气。是那个孩子的母亲。他们想办法,找到了她的号码。没有提捐献的事,只小心地说,能不能,找个机会见一面。

是一个阴雨绵绵的天气,病房里,她正搂着无助的女儿,独自愁着。护士跑进去告诉她,医院门口,有人在找她。她下楼,跑到住院处的门口处,眼前的一幕,让她一下子呆住了。在她面前的地上,一溜十几个人,男男女女,老老少少,齐齐地跪在冰凉的雨中。跪在最前面的,应该是孩子的母亲。他们什么也没说,只眼巴巴地望着她,眼睛里,那份渴望,满得让人心疼。

她的泪再也忍不住,先前所有的挣扎与抵挡,都土崩瓦解。她决定去赴那个生命的约会。

以为女儿会再一次大闹,没想到,孩子竟出奇的平静。站在病房的大窗子前,她已把下面的一幕看得清清楚楚:"妈妈,去救那个弟弟吧,我会好好坚持下去,等着妈妈回来!"她将女儿紧紧地搂在怀里,泪落如雨。

还是去了。安置好女儿,她跳上了开往另一个城市的长途车。她甚至没有去见男孩的家属,就直接住进了骨髓捐献病房。接下来的七天连续打"生白药",由于时间紧用量大,不良反应接踵而来，浑身酸痛，下腹坠涨，呕吐不止。可这些，她都不在乎了，她只想早一点回到女儿的身边。接下来，抽骨髓，上手术台，她似乎就没感觉到疼痛过。

一切进展顺利，那个接受骨髓捐献的男孩，获得了重生。当男孩的家属拿出15万元作为她的报酬时，家贫如洗的她，竟然笑着拒绝了。她说，她知道15万元对一个有着白血病患儿的工薪家庭意味着什么。她只是做了让自己良心安宁的事。

好人有好报，她的女儿，没有等到与其配对的骨髓，却成为那万分之一的靠化疗治愈白血病的幸运儿之一。当她抚摸着女儿一头新长出的浓密的秀发时，她常常想，这个美丽的女孩儿，果真是上苍赐予她的一颗美丽的星星吗？照亮了她的生命的同时，也在努力地照亮别人。而她自己，又何尝不是。

经年爱情

她喜欢他,他不知,从很久之前开始。

她每天都要路过他的小书店,四十几个平方的样子,很雅静,放学回家的路上,她都要进去看一会书。

傍晚时分,书店里站满了像她一样的学生,捧着一本书,安静地看,她和其他学生一样,站着看累了,就坐在地板上看,夕照的余晖斜斜地扑进来时,整个书店就像一幅静谧温馨的油画,让她觉得,心,安安地静着,很悠扬。

她开始留意他,是这一年的冬天,瓷砖地太凉,即便是看累了,她也不再坐了,依在书架上,用一条腿支撑着身体,累了,换另一条腿支撑。

隔了几天,就见书店多了些漂亮的草编工艺垫子,一开始,她以为是放在那儿卖的,倒是老板,乐呵呵地拿起垫子,给每个学生发了一张:坐着看吧。

她吃惊,也在别的书店看过书的,老板最不待见的就是他们这些学生读者,因为学生们大多只看不买。被书店老板驱逐,她经历过,一次,她正看书看得起劲呢,老板劈手一把夺过书,边黑着脸嘟哝边把书塞回了书架。把她弄得又尴尬又不羞愧,好像自己真成了她嘴里的那个损着别人利着自己的厚皮家伙。

她仅是一普通家庭的学生,把喜欢的书全数买回家,是不可能的,对于喜欢却又买不起的书,只能在书店里看。

她陆续换了几家书店,遭遇都与上家相似,直到换到这家书店,年轻帅气的老板和善得像春天的一抹阳光,她再也不必换地看书了。

在这儿看了大约半年多书,也不太来了,因为要高考,学习太是紧张,只是,学习的空暇里,偶尔想起那位老板眼里的温暖,就觉得心情松弛了不少,很惬意。

整个高三,就是这样过去的,路过书店时,冲着店里,微微笑一下,闪过。

有时,老板看见了她的笑,也回一个暖暖的笑;老板看不见时,她会哼着歌,从店门前悠然地飘袅而过,自己觉得那歌声,像一束清淡而明媚的阳光,已蜿蜒着穿越了店堂,抵达了他的心里。

高考结束后,她继续去他店里看书,看着看着,心思就不在书上了,眼神飘过去,像怯怯的蝴蝶,在他身上,小心翼翼的飞飞落落,他那么高那么瘦,方正的脸上总带着暖心的笑容,她很想问他一声:嗨,我叫梅果,你呢?

只是想想而已,问不出口,仿佛一开口,心思就会被他看穿。

偶尔，在一回眸的刹那，他们的目光相触，她飞快地收回目光，红着脸继续看书。

夜梦里，全是他的影子，她知，自己爱上他了。她看一本小说里说，暗恋是最懦弱最安全的爱情，因为他不知，便不会被拒绝，当然，也失去了被他接受的机会。

她想主动和他搭讪说话，便拿了一本书，付款。他抬头，看着她笑，把钱推回去：在店里看就可以了。

她脸红如火炙，心想，他为什么不让她买书呀？是为了让她省钱还是为了让她一直在店里读书，这样，他就可以多看她几眼？

心里美得不行。

她有他的电话号码，却一直不好意思打。当然，电话号码不是她要的也不是他主动给的，而是写在书店门上的，因为他偶尔会出去提货，没人看店，便把手机号刻了字，粘在门上，若是有人来店里找他不到，便可以电他。

那张写着他电话号码的纸，在她口袋里揉皱了，字迹模糊不清，却依然没舍得丢掉，尽管，那串数字，已那么熟稔地雕刻在了她的心里。

后来，她去外地读大学了，身边的女同学也陆续开始恋爱了，也曾有男生对她示好，只是，他在她的心里，那么顽固那么完美地立着，容不下他人。

她鼓足了勇气，给他发短信，却没说自己是谁，他打回电话,她不敢接,唯恐他听出自己的声音。

他们就这么短信往来着,偶尔也用移动QQ聊天,他总是问她到底是谁,她诡秘地笑着不答,只说我们认识的。他也就不在追问着为难她。

她把他当了可依赖的大哥哥,什么都说,除了自己的姓名和身份。她问他,在他的想象里,她应该是个什么样的人?

他说:修长、细腻,长长的发,直而温柔地垂在肩上……

总之,在他印象里,她美得像天使。

她总是和他聊着聊着,就跑到镜子前看看自己,其实,她的头发很短,身材也不是很苗条,望着镜子里的自己,她突然自惭形秽,就更不想告诉他自己身份了,怕他会失望,使他们的第一次坦诚相见,就像见光死的网恋一样被湮灭。

为了向他想象中的她靠拢,她开始减肥,留长发。

等头发留得够长了,身材减到他想象中的样子,她就可以站在他面前,笑盈盈地说:知道我是谁吗?

她想象他张大眼睛看着自己,哈哈大笑着叫出她的网名就缓缓地笑了。

他们就这么散漫地聊着,一年的光阴,就这么过去了,她瘦了,头发终于长到及肩了。这年暑假,她特意穿上了雪白的棉质长裙,去书店找他。

他说过的,觉得她应该是那种眼睛清澈、面容单纯的女孩子，穿一袭白色的棉布长裙，盈盈而飘袅。

她抱着一颗扑扑直跳的心，进了书店，他，还是老样子，坐在靠门口的收银台处，翻着一本书，若有人来交钱，便把书放到一边。

她唯恐他一眼认出自己就是那个匿名和他聊了一年多的女子，便低了头，匆匆进去，找了个角落，抽出一本书，安静地看。

时光一分一秒地过去，她心不在焉地翻完了四本书，他依然没有发现她，她抽出一本书，正要往收银台走，突然，听见一个女孩子的嬉笑声：嗨！

她就觉得心一抽，就见一年轻漂亮的女子，擎着一客冰淇淋闯了进来，顽皮地冲他做个鬼脸，依在收银台上，把冰淇淋递给他，一把捞起他放在一旁的手机，边翻边说：你的神仙妹妹今天找没找你聊天？

他边吃她剩下的半客冰淇淋边说：自己看。

女孩撅撅嘴，飞快地移动了几下拇指：以后，不许和你的神仙妹妹聊天！说完，把手机递给他：我把她给删了啊，当心哪天她变成一颗爱情炸弹，把我们的爱情炸飞了。

他刮了她鼻子一下：小心眼。

她手里的书，就啪地落到了地上。

他们一齐往这边看，她捡起书，塞回书架，女孩跑过来，看着她：咦，你怎么哭了？

她浅浅地笑了一下：看小说看的。说完就往外跑，看也不敢看他

她听见女孩在身后说：咦，她看了什么小说呀？把眼泪都看出来了。

他说了什么，她没听见，只是拼命地跑啊跑啊，跑到街角，才站定了，看着橱窗中的自己，想自己奔跑的样子一定很难看，想着想着，眼泪就又要往外跑。

晚上，她上了QQ，对他说：我失恋了。

他问对方是个什么人以及失恋的原因，她笑着说：他爱上了别人。

他哦了一声，问需不需要他帮她做点什么。她流了泪：其实不是他的错，他不知道我爱他。

说完这句，便删了他，爱情晶莹而脆弱，经不起打扰，他没成为她生命中的风景，那么，她亦不可以做惊扰爱情的风铃，哪怕声音悦耳清脆。

经年之后，她走过了几场爱情，也会偶尔想起他，想起他的时候，就缓慢地笑了，觉得赚了他好大便宜，那场没有见光的暗恋，那么隐秘而美好地营养过她年少羸弱的心灵。

向青蛙投降

十岁的她和八岁的弟弟来到乡下的外婆家度假。

弟弟从田里捉来一只青蛙。怕它跑了,便用一根红色的线拴着它的脚,然后放到一个大脸盆里。他手里牵着线看着青蛙蹦蹦跳跳,然后哈哈大笑。

弟弟玩得累了,便将线系在了一旁的椅子上。

可怜的青蛙。它拼命地做着无用的挣扎想逃脱,全然不知原来宿命已操纵在他人手里。

青蛙是益虫呢,我们要好好保护它。这可是教思想品德的老师说的。

于是趁弟弟上厕所的时候,她将拴在椅子上的线解开,青蛙一跃而起,带着那根红色的细线终于离开了。其实离开的不只是青蛙。但仅仅十岁的她又怎么会觉察这些?看着红线一跃一蹦消失在不远的田里,她眼里瞬间有目送天使离开的幻觉,满心的喜悦与成就感。

弟弟回来了,他看着脸盆空空荡荡的,像是不曾发生过什么。

然后弟弟一言不发地瞪着她。她被那小小的胜利而冲昏了头,得意忘形得对弟弟说,是她放跑了青蛙。

弟弟哇的一声哭了。她开心地笑着,仅仅为那只青蛙。

然后七大姑八大姨都来了,纷纷数落着她,安慰着弟弟。

你这个当姐姐的为什么不懂得让着弟弟?

就一只青蛙嘛,你放了这一次下次不还是要被其他人捉走?

弟弟好不容易到一次外婆家来你怎么就弄哭他?

亲戚们为了安慰弟弟,立即捉了一麻袋青蛙,弟弟终于心花怒放,笑得一脸灿烂。

她愤怒地瞪着这些人,然后眼睁睁地望着晚餐又多了一道"佳肴"。

弟弟和亲戚们大口大口地嚼着青蛙肉,她终于放下筷子,冷笑着转身躲进了一间小房子。没有开灯,黑暗里只有簌簌的声音。她忘记了害怕,眼里只有青蛙的尸体暴露在盘子上的样子。触目惊心然而无能为力。十年来,她除了刚出生的时候哭了两三声后,今天是第二次落泪。她父母一直以为她天生缺少眼泪,不论如何打她骂她,她从来不哭,只是红着眼睛,恨恨地咬着嘴唇,望着天空。

不远处有青蛙的鸣唱,混在了幽幽的夜色里。谁也不知道是为了什么。

日子无声又无息,一晃便晃到了十年之后。

那只青蛙的故事早已被亲戚们遗忘,亲戚们永远在奔波劳碌着，为了车子为了房子为了票子，谁会在意十年前的一只青蛙呢？

　　她也在时间的洪流中长大，像是一块曾经棱角分明的石头，被社会的风风雨雨逐渐打磨得圆滑无比。她在名牌大学里一心攻读她的专业，为她的理想和奋斗目标不顾一切地努力，甚至是不择手段。不知不觉中，她将那只青蛙的故事随手丢在了逝去的时间里。

　　她的毕业论文写完了，她按学姐们所告诉她的，请她的导师全家来到一家五星级宾馆吃顿"便饭"。

　　导师带着他的妻子还有十岁的女儿来了。小女孩非常可爱，她一见到便有似曾相识的感觉，异常的亲切。小女孩嘴里"姐姐"、"姐姐"甜甜地喊着，她嫣然一笑，轻轻地吻着这个小女孩。小女孩也似乎十分喜欢这个姐姐，乖乖地接受着。

　　主客定位了，她拿着菜谱的那瞬间被眼花缭乱的菜名以及令人炫目的价格而吓了一跳，不过她的惊吓只是在她的心里。她把菜单递给了导师，导师连看也没看，报了七八个菜名，又把它递给了妻子，她妻子微微一笑："算了，点多了恐怕吃不完。"她在心里咬了咬牙："多点几个……"导师的妻子又笑了笑："那就来个'乡村音乐'吧！"她心里不知怎的蓦然一惊。

　　一道道蒸气腾腾的菜纷纷上桌。她边吃边和导师谈论着她的毕业论文，虚心而谨慎，一言一行都看着导师的眼色。从导师满意的笑容看来,她的这餐"便饭"并没有白请。

一声尖锐的童音打断了她和导师的谈话:"我们不能吃青蛙,老师说青蛙是益虫!"

她没有回过神来,只是转头望着同样受了惊吓而不知所措的侍者。

侍者搓着手抱歉地微微一笑说:"这道是'乡村音乐'。"

她一眼便望到了盘子里七横八竖地躺着的青蛙。那样赤裸裸,那样心惊肉跳⋯⋯

时间仿佛凶蛮地一把把她扯到了十年前。那个幽暗的房子里,她因为青蛙而第一次因难过而真正哭泣。

五星级宾馆里的灯光也在刹那间疯狂地闪烁起来,像谁的眼睛在扑朔迷离。大段大段的苍白汹涌地占据着她的心房,回忆时而迅猛地向她扑来时而泛滥得无边无际。她张大着惊恐的眼睛就那样盯着那盘青蛙的尸体,像十年前一样无助。

"姐姐,你怎么啦?你为什么哭了呢?"小女孩问道。

她的眼睛终于离开了那道盘子,她开始打量着小女孩。一瞬间她仿佛在看十年前的自己。那个因为老师说青蛙是益虫便放走了一只青蛙而导致一盘青蛙上桌的自己。

她揉了揉眼睛,强装了一个笑脸,柔声道:"姐姐没哭,姐姐只是被辣到了。"她颤抖地夹起了一只青蛙,"你们老师说青蛙是益虫对吧,可是青蛙肉很好吃,吃点吧。反正青蛙也已经死了啊。"

她把青蛙肉夹进了自己的嘴里。其实她今天才知道青蛙的味道。不就是吃了一只青蛙吗？她嚼得粉碎，自己终究是向这个社会投降了，她心跳得厉害。

小女孩见状也将信将疑地吃了一块青蛙肉。是很好吃，小女孩甜甜地笑了。

她胃里一阵翻涌，又似乎有大颗大颗的泪要喷涌而出。她望着天花板，像小时候要流泪了就望着天空那样，忍了忍终于止住了几欲流下的泪水。十年的工夫，她已经很好地懂得了控制感情。

不，这个小女孩并不是自己！眼前的小女孩还不会为死亡的青蛙而哭泣。她所懂得的仅仅是老师传授的一个知识而已，她不会知道我放走的只是被束缚的灵魂，上桌的是反抗错误的代价，而现在死亡的是我曾经的坚持。

一个月后，她得知了自己的毕业论文评优的消息。她没有丝毫的欣喜。

十七岁的夏天

[01]

桑桑将一个纸盒递给苏木，苏木淡淡接过。打开，里面是两条小蚕。7月里的小蚕已经有了白白嫩嫩的模样，桑桑说，这两条送你。

事情始于两个星期前，语文老师突然心血来潮布置了一道暑假作业，让每个人交一篇养蚕日记。当然，老师曾偷偷把苏木叫到一边告诉他，这道作业对苏木这样成绩优秀的学生是可以免除的。

苏木笑，他是个早熟的孩子，十六七岁的年纪已能明白老师的良苦用心了。

而现在，桑桑执意要将那两条蚕塞进苏木的怀里。桑桑说：这是我精心挑选出来的，最壮的两条哦。苏木皱了皱眉头，他不喜欢桑桑，桑桑讲话的时候会不自觉地将头稍稍抬起，从苏木的角度看过去，那嘴角显得有些轻佻，苏木始终觉得这般神情很是倨傲。

果然，桑桑再度开口说的话让苏木瞬间捏紧了拳头，桑桑说，苏木，我知道你家穷，所以特地多买了一份来送你。

桑桑说的是事实，对苏木来说用5毛钱购买两条蚕的确已经算是一件奢侈的事了，平日里，每一个5毛钱的花销他都需要反复地斟酌一番，这是他的隐晦，而现在桑桑让那些小心地蛰伏于心底的东西一下子暴露于光天化日之下，苏木只能咬着牙忍住眼前的阵阵泛白。在这一刻，苏木对桑桑是有恨的，即使他知道桑桑是无心的。

苏木捏着盒子机械地转身，刚走了几步，突然又被桑桑截住了去路，桑桑在书包里一阵倒腾，找出一大包桑叶。接着不由分说把苏木拖到了树荫底下，打开塑料袋认真地分着桑叶，你一片，我一片……

[02]

整个暑假，苏木都和那两条小蚕在一起，看着它们日渐壮硕，结茧，化蝶，产子。苏木将它们每一天的变化都做了记录，苏木觉得和生命联系在一起的夏天总是意义非凡的。苏木的日记将一场培养耐心和爱心的活动推到了关乎生命和思考人生意义的高度，所以，那个胖胖的语文老师无比欣慰地说：苏木，你真的是我教过的学生中最为优秀的。

来年，苏木果然不负众望以全校最高分考进了一所重点大学。

那所大学有个著名的湖叫未名湖，著名却又叫未名，想来有些好笑，而此时苏木正低着头，踩着泛青的石阶将那段短短的道路走得异常虔诚。苏木从来都是知道的，连5毛钱都要计划着使用的家庭是供不起他读任何一所大学的。7月里，柳絮漫天的光景，去那所学校走一遭便成了苏木心心念念要完成的一场仪式。

然而，一个月后班主任居然给他带来了一个天大的好消息，有一家大公司决定资助3名贫困大学生，苏木的名字也在其中。

关于这场捐助，各家电视台出动了好些记者。主席台上，苏木远远看见坐得端端正正的桑桑，她朝苏木眨眨眼睛，一副熟稔的模样。

理着平头的企业家在一干人等的簇拥下匆匆赶来，在见到桑桑的时候露出一丝宠溺的笑容，清了清嗓子他说，今天是为了庆祝我的宝贝女儿考进重点大学，所以特地选择以这样别开生面的方式来作为纪念。

人群里闹哄哄的，混乱中未及细想的苏木也被推上了主席台，然后桑桑将一个包着助学金的红包递给他。于是，苏木无端地想起了那年夏天，桑桑硬是要将那两条小蚕塞进他怀里的夏天。苏木不明白，为什么他们的交集总是处在两手交付的那个时刻，7月的灼热蒸腾的阳光让她的授与他的受皆变得重若千斤。

[03]

桑桑和苏木考在同一所大学，却不是同一个系。苏木被同系的一个女生追，那个女生有着圆圆的脸和笑起来弯弯的眉眼，见到苏木时总是显得有些扭捏，害羞时常现出欲言又止的样子。苏木本是不喜欢这些的，只是那天桑桑来找苏木，苏木便一把拉过了那女孩子，苏木说，桑桑，这是我女朋友。

不过这场始于莫名其妙的感情很快就结束了，短短3个星期，让苏木觉得有些错愕和迅雷不及掩耳。女孩子说：苏木对不起，我实在是没办法，我爸爸公司的周转要靠桑桑父亲帮忙。

苏木转身，看到立于人后的桑桑。彼时的桑桑已经出落成越发出众的女子，从人前走过便能激起眼底的那片华光，唯有苏木对其还能视而不见。

关于那个女朋友的片段，仿佛是一场闹剧，被两个人齐齐剪去。苏木和桑桑的关系似乎又恢复到17岁那年夏天，她自说自话，他任由她自说自话，她骄纵，他骄傲。

苏木拿到一等奖学金的那天接到父亲的电话，父亲说，你妈的病又有反复了。苏木收拾东西准备赶回去，桑桑坚持一定要跟去。苏木随她，他已经无心再坚持与她有关的那份坚持了。

苏木家很穷，用家徒四壁来形容一点也不为过，苏木的父亲搓着手让桑桑坐在家里唯一一只不瘸腿的凳子上。院子里飞起一只鸡直直地扑向桑桑,桑桑吓得跳了起来,而苏木只是僵直身子冷冷地立于一边。

从苏木家回校后,桑桑便再也没有说过一句话。

面对如此贫瘠的景象,那个骄纵的女孩子终于还是害怕了。

[04]

有时候苏木会奇怪,为什么他的那些好运,总是会或多或少地和桑桑牵扯在一起,比如今天,桑桑那个赫赫有名的企业家父亲从百忙之中亲自拨冗来找他了。他递上一张10万元的支票说,桑桑要出国了,你只要保证以后永远不要联系她,就可以将这张支票拿走。

苏木看了看,再看了看,随之将其小心翼翼地揣在口袋里。

桑桑走的那天,苏木的母亲正在医院里进行心脏搭桥手术,有了10万块钱很多事便都可以就此不同了。他可以有一个健康的母亲,一个完整的家,还有一段没有桑桑纠缠和骚扰的安稳的大学时光。

苏木的大学4年过得的确稳妥,努力学习力争上游。4年里他没有谈过一个女朋友。

知道事实真相已是多年以后。

原来那个精明的商人用10万块钱买下的是两个人的承诺。对于桑桑，只有她答应出国留学，苏木才能拿到那笔用于母亲手术的救命钱。

让人感到悲哀的，是当事实真相揭开的时候，长大后的他们已经能够拥有足够的担待，甚至还能怀着从容笑意。桑桑挽着她的未婚夫，温婉淡定，全无少年时的痴狂，而苏木只是这样地笑着，至于云淡风轻里，是否有些悲凉，外人已是无从知晓。

苏木回想起桑桑父亲的那些话，终于明白他们无法在一起，真是缘于他的不够好。那年的他还不够好，配不上对他那么好、那么好的桑桑。只是谁又能懂少年时，他以那般倔强的姿态立于她的面前，怎么能说不是因为一份最初的在意呢。

后来，苏木听到一首很老的歌，却硬是将那首歌听得百转千回：有人问我你究竟是哪里好，这么多年还忘不了，春风再美也比不上你的笑，没有见过你的人怎会明了……

眼前一片模糊，17岁的夏天，那些往事茕茕孑立。

生命之吻

这是一个真实而又浪漫离奇的故事。

前不久,一支由12人组成的欧洲探险队,进入非洲撒哈拉大沙漠进行探险和考察,蒂娜是这支"多国部队"中唯一的女性。她深深爱着亚瑟,亚瑟同样也离不开她。临出发前,她和亚瑟一道说服了队长,才被特许随队探险的。一路上,她尽管吃了不少苦,但她却乐呵呵地对大伙说,经过磨难的人更懂得珍惜生活,她和亚瑟在途中就已商量好,此次探险回到家后,两人就热热闹闹地举行婚礼。

探险已经15天了,根据留存的食物和饮用水量,队长李斯特果断地做出了决定,明天就准备踏上返回的征程。当晚的宿营地选在了一个冷火山口附近。帐篷搭建好后,还余下整整一个下午,队员们就近分散活动。

亚瑟也带着蒂娜漫步观察地物地貌。突然一阵大风袭来,众人向大风吹来的西北方向看去,只见天边已是黑压压的一片,犹如千军万马向他们奔来。大风把队员们的衣服鼓成了一张张帆,行走十分困难,亚瑟不由握紧了蒂娜的手。过了许久大家才跌跌撞撞地汇聚到了一起。风刮得越来越猛,此时单个的人根本不能在风暴中站立,要想逆风移动更是难上加难。队员们紧紧地手挽着手,趴在地上,缓缓地挪动着身子,集聚在一块,才没让猛烈的大风把他们掀上天。

一个多小时后,这场惊心动魄的风暴终于过去,队员们赶紧站了起来,顾不得满身的泥沙,蹒跚着麻木的腿脚,一齐向着宿营地跑去。来到先前的宿营地,大伙一个个都傻了眼:眼前是白茫茫的一片。不仅没了帐篷,连所有的器材和设备都没了踪影!风暴席卷了一切!队长李斯特思索片刻,当机立断:一部分队员沿着风暴卷走的方向去寻找,一部分队员就地挖掘,只要能找回水箱或是通讯器材中的一样,他们就有希望逃离死神。几个小时后,出外寻找的队员失望而归;而原地挖掘的队员终于挖出了先前留有的3个水箱,可这3个水箱都已被风暴裹挟的石块击得千疮百孔,里面竟然一滴水也没留下!虽然同时也找到了几个通讯器材上的零件,但根本凑不成形,什么用处也没有了。

撒哈拉大沙漠有800万平方千米,他们现在所处的位置是沙漠的"纵深腹地",无论从哪一个方向突围,在缺水的情况下,都是不可能的。眼看最后的一点逃生希望都已破灭,队长李斯特认为等待总部救援是最好的解救办法。可克里沙等几名身强力壮的队员则不同意原地待援,称这是消极的坐以待毙,而朝着沙漠外围跋涉,说不定在途中就能遇到救援队,这就多了一份生的希望。争来争去，双方意见始终得不到统一。最后李斯特只好做出这样的决定：由克里沙带着2名队员向着救援队可能来的东北方向前进，他领着余下的9名队员就地等待总部救援。亚瑟、蒂娜等几个留在原地待援的队员为了让救援队能尽快发现他们，就将火山口的石块搬来，在一块较为平坦的沙漠上摆成了巨大的"SOS"呼救信号。

没有继续收到探险队发出联络信号的总部，觉得情况异常，立即派出了救援搜索队。

5天后，救援人员几经周折。终于找到了倒卧在冷火山口附近的探险队员。救援队发现，探险队员每人都挖了一个小坑，半个身子埋在了沙坑里，以减少体内水分的消耗。救援队员们怀着沉痛的心情，一共在火山口附近找到了7具遗体。同时传来了另一支救援搜索队的消息，他们也发现了另外3名探险队员的遗体，从遗体的失水状况看，这3名队员确实先于留守在火山口的7人干渴而死。

最后，救援队又在稍远的地方找到了亚瑟和蒂娜的遗体，与其他队员不同的是，两人紧紧地拥抱在了一起，肩靠着肩，头挨着头，嘴对着嘴，热烈而又深情地亲吻着，犹如一对庄严而又神圣的爱神。在场的所有救援人员，无不为这对生死不渝的情侣肃然起敬。

当救援队员抬起他们的遗体往担架上放时，发觉他们的身体还是软软的，有个队员突然发现蒂娜的嘴唇微微翕动了一下，他不由惊呼了起来:"他们还活着!他们没死!"

经过一番抢救,亚瑟和蒂娜都活过来了!

一对情侣相拥相吻在高热的沙漠中,历经5天5夜居然大难不死,这不能不说是个生命的奇迹。事后,一名记者采访了这对情侣,问他们在面对死亡威胁时的想法,亚瑟淡淡一笑:"能和自己心爱的人死在一起,我觉得没有什么可遗憾的。"蒂娜回答说:"倚靠在亚瑟宽广的胸怀里。与他深情地亲吻着,就像徜徉在一片浓阴里,我觉得死亡也变得无可畏惧!"

他们带着浪漫色彩的传奇故事在媒体上公布后,立刻在社会上引起了极大反响。大家特别感兴趣的是,在同样的条件下,其他探险队员都已干渴而死,为什么这对热吻着的情侣能够得以生存?社会学家说,是崇高的爱情给了这对情侣以巨大的精神力量,激发了他们身体内超凡的耐渴潜能;医学家则说,不是"爱情的力量",而是他们的"相互近面呼吸"方式,由于是嘴对嘴、鼻对鼻的呼吸,彼此吸进的都是对方呼出的湿润空气,从而减少了体内水分的消耗,延续了生命。这两种观点,各树一帜,谁也说服不了谁。最后,一位著名的哲学家提炼出一个大家都能接受的结论:是他们忠贞不渝生死相依的爱情,让他们在身处绝境的情况下,无意中创造了这种科学的"相互近面呼吸"法,是爱情和科学相结合使他们绝处逢生!施一热吻而救下两条鲜活的生命,这真称得上是在绝境中创造生命奇迹的千古一吻!

最强壮的人

如果你在街上见到我,相信你是不会朝我多看两眼的。我是一个极普通的人,身高只有5英尺9英寸(约1.75米),重168磅。但我力气很大、非常大。我可以仅凭双手就把钢钎扳弯,把铁锅像揉软糖似的在手里拧成麻花状。我可以双手把一本厚重的纽约市电话号码本撕成两半。这些年来,我常被邀请上电视台做现场表演。人们叫我"丹尼斯·罗杰斯——世界上最强壮的人"。

多年来,不少运动医学专家对我的身体进行研究。他们化验我的血液、分析我的肌肉。但没有一个专家能解释我这个小个子为什么会有如此大的力量。他们觉得这真是不可思议。对此,我只报以一笑。我知道,这里并无什么神秘可言。

我上高中时,只有4英尺11英寸的身高,79磅的体重,是一个地道的"矮子"。我的脊柱有些弯曲,整个上身看上去弯成一个问号的样子,那也是我面向自己将来人生的疑问。我是谁?我将来能干什么?我不知道。唯一知道的是:我是一个矮子,我的身高连普通标准都达不到。

由于我身材矮小,势单力薄,学校体育队的队员们老叫我

"侏儒"。他们常取笑我。知道我打不过他们，便常来欺负我，故意绊倒我，抢我手里的书。我经常生活在被恐吓的阴影之中。而且，学校里每一个人都可能是潜在的恐吓者。体育课是我最难受的一门课，有竞赛的项目，哪一方都不愿要我，我常像皮球一样被踢来踢去。

一天，老师把我叫到一边，"丹尼斯，我们决定替你转一个班，从现在起，你到特殊教育班去上课吧！"

"特教班！可那是为残疾学生开的班呀！"

"我很抱歉，"他拍拍我的肩膀说，"但我们是为你着想。"

放学了，我回到家，"砰"的一声关上房门，在镜子前仔细端详自己：弯腰驼背，手臂细得像牙签。我失望地倒在床上。为什么？为什么我会长成这样？我站起身来，望着父亲在院子里干活的身影发呆。他虽然也是小个子，却曾在海军里服过役，人虽矮小，但身上肌肉发达，没人敢欺负他。我暗自下了决心。

父亲帮助我自制了一个举重用的杠铃。每天晚上，我都到楼下的储藏室去练习举重。一次次地，我逐渐能举起杠铃了。我又不时往上加重量，往往一次加上5磅，我必须要拼足全部力气才能举起来。对我来说，这不仅仅是举杠铃，这是向自我挑战。我要改变自己弱不禁风的形象。但不管我能举多重，我总觉得自己仍然不行，因为我的个子太小。怎么办？我狂吞富含蛋白质的牛奶、鸡蛋等营养品，在各种健美杂志中寻求帮助。6个月后，在我17岁生日的这一天，我仍然只有5英尺高，体重88磅。

父亲替人做船上用的帆布帐篷，我常帮父亲干活。一天，他叫我和他一起把一卷帆布从汽车里搬到山坡上的工场去。这卷帆布大概有6英尺长、180磅重。我站在一头，把它扛上肩，往前迈了一步。哟！真重！但是，我不能扔下我这一头呀！我跟跟跄跄地爬上山坡，累得满头大汗。到山顶时，我往后瞥了一眼，父亲没在我后边！那就是说，我自己一个人把这卷帆布扛上了山坡！我惊讶不已。我是怎么扛上来的？我简直不敢相信我的锻炼已经初见成效！我便做了一个实验：在杠铃上放上迄今为止能举起的重量，然后再加上额外的50磅。"不要去想你的个子，"我告诉自己，"举就是了，你能行！"我举了，我居然举起来了！我知道我为什么能举起这么重的东西了。过去，我总认为自己的个子小，越是这样，就越是限制了自己潜能的挖掘，更谈不上发挥了。我总认为：自己矮小，所以我不会有那么强壮。错！

从此，我开始正规地学习举重，每天都去体育馆训练。我的肌肉增加了，力气增大了，微驼的脊背伸直了。有不少在这里锻炼的人都爱掰手腕，我也加入进去。最初，当我在他们面前坐下的时候，他们都以嘲笑的眼光看着我，我不理这些，我把他们一个一个都打败了。但是，我输给了一个叫鲍勃的人。他6英尺高，大概有240磅的体重。80磅的杠铃，他能一下子就给弄弯了，好像它是塑料玩具似的。

一天，我在健美杂志上看见一则东海岸将举行掰手腕比赛的广告，欢迎各路精英参加。我告诉鲍勃，我也想去参加比赛。

"想都别想，"他说，"那都是一些专业人士，他们一年到头都在训练。弄不好，你还会受伤的。"

这可不像鲍勃说的话，他在考验我的决心吗？

"我真的相信我会取胜的。"我说。

鲍勃笑了，挽起袖子，伸出手臂来。

"我得告诉你，"他说，"要想赢那些家伙，你得先赢了我才行。""好，来吧！"

我们把手握在一起，"三，二，一，开始！"我使出了吃奶的劲，眼前金星直冒。坚持了约20秒钟，我才被鲍勃打败。

"看见了吧？"他说，"你还不行。"

那天晚上，我躺在床上，想了很多。内心深处，我知道自己能打败鲍勃，他也知道这一点。但是我又为什么没能打败他呢？还是那个老问题：我的个子不如他。但转念一想：是的，我的个子是不如他，但这并不意味着我就一定是一个弱者，决不！

第二天上午，我又在体育馆找到鲍勃。

"再比最后一次。"我说。我们抓住对方的手。我坚持着，坚持着，我的太阳穴嘣嘣直跳，就像要炸裂开似的。我一定要赢！我越使劲，越有更多的力气聚集起来。身体内似乎挖掘出了一口力量的深井，这是我以前从未经历过的。鲍勃的手臂慢慢地低了下去，直到被我按到桌子上。

我走进了东海岸掰手腕比赛的现场。我遇到了同样轻视嘲笑的目光，然而，我打败了所有的对手。那天结束的时候，我成了比赛的冠军，一个真正的强者。我终于明白了"强壮"的真正含义。它与身材是否高大没有多大的关系，关键是建立起自信心。

最动听的声音

在美丽的沙加缅度，有一个叫瑞恩的男人，他在一家小电器公司当推销员，他的爱人多米莲则在一家服装公司做流水线工人，显然他们在加州属于最底层的工人家庭。在经过漫长的等待之后，他们终于拥有了爱情的结晶——女儿莎丽。

在小莎丽提前诞生在这个世界上的时候，她亲爱的父亲还在异乡的货车上奔波着，当瑞恩接到喜讯后，他连夜驱车数百公里回到了家里。当他第一次在医院里听到小莎丽的哭声时，这个粗壮的男人被温柔击中了，他战栗着感叹道：天，多动听的哭声啊！

小莎丽很爱哭，虽然哭声显得并不响亮，医生解释说，小莎丽的身体有些虚弱，很多时候可能会因为身体不适而常常哭泣。于是，瑞恩和多米莲更加小心了，因为他们知道小莎丽每一次哭泣都是在呼唤他们。

瑞恩更加努力地工作了。有一天，公司因业绩突出奖励了瑞恩一部商务手机，手机有一个非常好的录音铃声功能。于是，瑞恩就特地把小莎丽的哭声录制下来，并将它设置为手机的铃声。

每一次当瑞恩的电话被拨通时，小莎丽的哭声就会响起来，那是多么温柔而幸福的一声呼唤啊，仿佛是呼唤他回家的脚步。

天有不测风云，在某一个秋天的午后，当瑞恩的手机忽然响起的时候，他却得到了一个简直令人无法相信的噩耗，家里来电话告诉他：他亲爱的女儿小莎丽因为一场突如其来的疾病离开了这个世界。这个令人伤痛与绝望的消息没有给这个男人任何争取和反应的时间。在异乡的道路上，瑞恩放声大哭，迷茫到几乎找不着回家的方向。

在后来的日子里，时间似乎慢慢地洗涤掉了瑞恩和妻子心中那血色的悲伤，生活又像是重新开始了，因为大家总能在瑞恩的脸上看到那大方的笑容。但是谁又知道呢，这个坚强的男人的心里，其实是多么思念逝去的女儿啊，虽然他的手机铃声早已经更换，但是他却始终没有将女儿的那段哭声删除，因为他知道，那可是女儿留给他最后的也是唯一的一份礼物，那可是女儿曾经来过这个美丽的世界的印证啊！瑞恩常常会在安静的角落，播放出那段女儿哭泣的声音，直听到泪流满面，听到放声痛哭。是的，他是多么多么地思念女儿啊……

然而，生活的痛苦似乎还没有完全放过他。有一天，他把手机遗失在一座陌生的小城里。瑞恩来到当地最大的报社，他拿着自己辛苦赚来的薪水在报纸上刊登了一则寻物启事，他对自己说，一定要找回它，找回女儿的声音。

瑞恩的举动终于引起了一家报社记者的关注，因为他所支付的广告费远远超过了那部手机的价值。当他讲完自己的故事后，这位记者顿时被他那真挚的父爱深深地打动了，于是将这个感人的故事写了出来，登在报纸显要的地方，呼吁大家帮瑞恩找回手机，找回他遗失的女儿的声音。

整个城市都被感动了，一声声问候传来，一部部手机被送到了报社里，但瑞恩始终没有找到属于自己的那部手机。直到一个下雨的日子里，一个包裹送到了报社，里面装着一部手机。瑞恩一眼就认出那部他朝思暮想的手机……

在那个包裹的旁边附着一张字条，上面写着：

亲爱的瑞恩，对不起，是我偷走了你的手机，我被你伟大的父爱深深地感动了！今天，特地奉还给你，并向你表示我的歉意。另外，我偷偷地听了你女儿的哭声，那是这个世界上最动听的声音！

瑞恩打开手机，按动按键，他那思念已久的女儿的哭声又一次响了起来，如同天籁……他终于止不住放声号哭。在他的身后，那些善良的编辑记者们无不热泪盈眶，因为他们看到这个世界上最深沉的父爱，听到了这个世界上最动听的哭声……

最美好的回忆

认识杜浅的时候我还是棵长在校园里的小草,有点少不更事的莽撞,也有着青春初绽的敏感和忧伤。

大二暑假来临的时候,我找到一份薪水优厚的工作,在一家外语培训中心的夏令营活动里,负责10个孩子的英语学习。

那个周六的晚上,我们开总结会议,因为做教学卡片忘了时间,会议过了十来分钟,我才像节失控的火车头一样冲进办公室。一个年轻男人正在发言,一下子十多双眼睛一齐向我投来惊异的目光。我满脸通红地找位了,这时候他停下来温和地对我笑:"快坐下吧。"

这样,我认识了杜浅。那天我受到身为教务主任的他的表扬,还被特别介绍说,秦真真也是外国语大学的学生,是我师妹。

说这话的时候他一直看着我,他的眼睛亮晶晶的,我的脸一下子发烧了。

杜浅是我们学校法语系有名的才子,研二,大我整整四届,是无数女孩子瞩目的对象。因为这层关系,我们很快熟悉起来。他就像一颗偶然吹进我心里的种子,即使是在酷热的暑期里,也固执地生根发芽了。

我第一次心动了,并产生了一个疯狂的念头,想要主动追求他。

我带着一颗初恋的甜蜜羞涩的心,在黑夜里辗转反侧。最后我对自己说,等回到学校,我就要向杜浅表白。

暑期很快结束,我和杜浅都回了学校,还像朋友一样往来。但我却始终没有向他表白,因为那时我才知道,杜浅的老乡是我同班同学徐萌,而徐萌和杜浅的关系,在大多数同学眼里,是那么的千丝万缕,甚至扑朔迷离。

徐萌就像是另一个杜浅,从入学开始,一直是系里有名的美女才女。

我并不想知道他们是怎么回事,但我明白,送走那个夏天,杜浅离我已经越来越远。上课时我坐在徐萌身后,会生出一种深深的自卑感。和徐萌相比,我长得不漂亮,也没有过人的才气,杜浅和她看起来是那么般配的一对,我凭什么插入他们中间呢?

这样清醒的认识让我盛夏的天空陡然变灰了。我只敢跟在他们身后,偷偷地看杜浅对徐萌微笑说话,也只敢在雪地里悄悄写下杜浅的名字,再用手掌的温度将它捂化。我变得更加不爱说话,大多数时间都用来写日记,把自己埋入深深的沮丧里。同学都习惯了我的沉默,没有人知道我心里有多么痛苦绝望。

很快到了杜浅毕业。那个热得令人发狂的夏夜,即将离校的杜浅请朋友唱歌。在歌厅昏暗的角落里，我难过地看着他和徐萌两个人，在屏幕前声情并茂地唱一首首情歌。

那天我们都醉了，徐萌趴在我肩上含糊不清地哼着老歌。杜浅坐在我们对面一直笑，又像是有话要说。

这时不知是谁搞恶作剧，房间的灯光和屏幕的光亮陡然熄灭。我惊恐地去抓徐萌的手，却被一只温柔的大手拉住，落入有着熟悉气息的怀抱里。

CD机里还回旋着《恋恋风尘》的旋律，我的脸颊上，突然多了一个轻轻的湿湿的吻。

是杜浅。他在对我悄声叹息：傻丫头，其实我一直喜欢你。答应我，好好念书，等你毕业，我一定回来找你。

我的心跳得快要裂开，突如其来的狂喜把我击倒了。我羞怯又慌乱地推开他，在嬉笑声四起的黑暗中，感到整个脸都已经熊熊燃烧起来。

后来灯光就亮了，我看见杜浅站在房间中央，拿起了麦克风。我们的目光穿过人群相遇，他的脸上露出了调皮又饱含深意的微笑，然后故作镇定地转过去。

这时候徐萌走过来，去拿茶几上另一只麦克风。我突然扑上去夺过来，随着杜浅的声音放声大唱起来。我看见杜浅对我露出了深深的笑意，而徐萌却站在一旁吃惊地看着我，然后表情转向冷漠，继而是愤怒。

我的心里刹那间鸟鸣莺啼。我觉得自己就是那只越过篱笆的丑小鸭,因为有了杜浅的爱,所以不再萎缩在枯草灌丛中,而是渴望成为一只优雅的黑天鹅。我对自己说,即使是徐萌这样优秀的女生,也没能得到杜浅的青睐,所以平凡的我一定要长出丰满羽翼,等到杜浅回来找我的那一天,能展开足够有力的翅膀,和他一起飞翔。

杜浅离开了学校,临走时我们没有说过一句与约定有关的话,我甚至没有去车站送他。但我知道我必须为了他活得精彩起来,等到我变成真正的黑天鹅,我才会骄傲地站在他身边,对他说我是因为他而出色美丽。

我没想到徐萌把我当成了竞争对手,若是以前,我觉得和徐萌竞争简直是件不敢想象的事情,可有了杜浅的话,再难的事也变得简单起来。渐渐地,每天出门,我都能从镜子里看到一个充满朝气的自己,熟悉我的同学都忍不住惊叹,秦真真,原来你真是一块未经雕琢的璞玉。

面对徐萌,我再也没有了以前的自卑感。有时她和我说起杜浅,说真不知道他到底看上你哪里。我笑着也不去计较,我想其实她不过是像当初的我一样,有一种充满挫败感的嫉妒。

后来她问我和杜浅有没有联系,我坦白地说,除了偶尔通信,我和他都把这一年的分离当作磨砺期。这一年,我们退出彼此的生活,是因为都心怀期待。他等着看我惊人的蜕变,而我,要逐渐修炼直到能配得上他为止。

徐萌翻翻白眼,用酸溜溜的语气说,哼,脑子都有问题。我也懒得反驳,依旧春光灿烂地生活和学习。

临近毕业,徐萌申请到英国的奖学金,提前答辩后离开了学校。我被保送上研究生,像只新生的蝴蝶一样等待着杜浅的到来。

只是那以后,我再也没有任何杜浅的消息,他就像一颗滴入泥土的露水,彻底消失在我的生活中。

那是一段让我感到孤寒的日子。徐萌常有信来,她不着边际地炫耀着丰富多彩的留学生活,用隐讳却分明是幸灾乐祸的口吻嘲笑我说,没了杜浅,你就要被打回原形。

后来有一天,她打电话给我,说杜浅给她写信了。她的口气充满胜利的骄傲和对我的藐视,她说以前我就怀疑,杜浅是什么眼光,怎么会看上你。

我在一场秋雨来临时大哭后,烧掉了所有为杜浅写下的日记。我决心好好念书活出一个漂亮的自己,多年后,让徐萌为对我的藐视感到羞愧,更让杜浅看到我时,为当年的放弃而深深后悔。

一晃好几年过去,我结束了日本的访学生涯回到国内,在大学里做了老师。

转眼春天到了,意外的,我收到了徐萌寄来的请柬,但新郎不是杜浅。

在她婚礼上，我看到了多年不见的杜浅。他还是像当初那样眼神晶亮笑容调皮，他给了我一个大大的拥抱。

我仍不免感慨万千，忍不住问他，为什么最终没和徐萌在一起？

他有些遗憾地笑起来，说其实毕业的那天晚上，他曾经趁灯灭的时候对徐萌表白过，却没有得到她的回应，她一直是个骄傲独立的女孩，始终有她自己的路要走。

我在那一刻震惊得几乎说不出话来。后来我问杜浅，你毕业以后还给我写过信吗？他抱歉地笑了，说实在是对不起，当时我因为徐萌的关系，甚至不肯和所有旧朋友联系，到后来就已经没了你们的联络方式。我呆呆地站在那里，眼眶忽然湿润起来。人群中，我看到穿礼服的徐萌，隔着那么多宾客，冲我露出傲慢而又狡黠的微笑，鲜明耀眼，智慧而美丽。

那一瞬间我突然懂了，在青春初绽的时节里，因为一个美丽的误会，那只丑小鸭变成了今天优雅的黑天鹅。那是关于一个童话般的美丽谎言，是关于一个女孩教会另一个女孩成长的秘密，那是我们关于青春最美好的追忆。

04

跨出去的勇气

不想出院
的老人

"这是一个孢子菌系症患者,病人因为整理花园时,不小心刺伤拇指造成的,这种霉菌感染会随着淋巴循环而往上蔓延,到手背、手腕、肘关节……"主治医师查房时,细心地教导我们这群小医师。

"到腕关节后,下一站到哪里?"病人好学地问,眼中因为求知的欣喜,掩盖了一般病人对疾病的恐惧。倒是他身旁的子女们,很担心地看着老人手指、手背和蔓延到腕关节上三个化脓的伤口。

躺在床上的是个独居台中的老先生,因为儿女都已在北部成家立业,所以平常很少有人和他聊天。这次他住院,所有的子孙倒是都到齐了,围在床边,好不热闹。

"到腕关节后,如果没有赶快医治,还会继续往上到手臂、肘关节、腋下……不过伯伯您不用担心,如果不是您乱涂草药,引起伤口化脓,必须要用点滴打抗生素,现在这种病用口服药就可以治疗了,根本用不着住院。"

第二天、第三天,查房时,老先生伤口化脓的情形都改善了，但是伤口愈合的情形却没有想象中好，更严重的是第四天开始，我们发现除了原来的伤口外，在手臂外侧出现了一个新的红斑。

住院一周后，病人陆续在上臂及腋下又新长了两个红斑，虽看起来不像典型的斑，不过位置及病症，实在是符合孢子菌系症。

隔了一天，病人又再长了新的红斑，虽然长出来的部位不太对，但是怕造成全身性的蔓延，我们决定帮他用静脉注射。因为这药很危险，查完房后，我拿着病历，绞尽脑汁地计算药物的剂量。实习医师却把我拉到一旁。

"学姐，不用算了，我觉得病人怪怪的。"

"我每天晚上帮他换药时，他都会问我下一个斑会长在哪里，昨天他又问我，我因为书没念熟，随便指了一个部位。回值班室后查了书，发现讲错了，赶快跑回去想告诉他，没想到却撞见他用小汤匙用力地在伤害自己的皮肤……"

真相终于大白，老先生怕出院后又要孤独地住回台中，居然用这种自虐的方法，甚至不惜冒着注射特效药的危险，想要延长住院的时间。我只是感到一阵心酸，多少人因为求学或工作忙碌而离乡背井，却忽略了家中孤寂的父母。若造成"子欲养而亲不待"则是人间最无奈的悲剧。

栀子花开

星期一，她没来，第一排留下很显眼的空位。问同村的孩子，都说不知道。打电话到家里，是无尽的忙音。我的心一下被扯得很远，该不会出什么事了吧？因为，她是一个从不迟到的学生。

中午，我决定去她家看看。这是个惹人喜欢的孩子，高挑而漂亮，脸上永远带着腼腆的笑。在新年联欢会上，她唱了一首《栀子花开》，同学们都说好听。

家里没人。邻居说她已走了两天，大概是去看病了。

同学们正在紧张地复习。临近年关，外出打工的父母即将回来，谁不想多考两分抚慰一下疲惫的父母。我忙活着，出卷、批阅、分析，不敢有一丝马虎。

至于她，我们暂时忘记了。不久，便有不好的消息传来。校长告诉我："李娜在蚌埠治病，打电话让我向你请假。""什么病？"校长摇着头说："不知道，她父亲急急的，说完就挂了。"接着，就有和她同村的老师说："确诊了，是白血病。"白血病！我瞪着他，企图看出一些谎言的痕迹。20天前她还清纯地唱着《栀子花开》，4天前她还履行着团支书的职责，腼腆地走上讲台安排工作,刚才我还读过她写的一篇作文……然而那老师摇摇头:"我也不希望这是真的。"

我更不希望这是真的。短暂的几年教学生活,我习惯了看着一个个留着鼻涕的儿童变成含羞的少女、阳光的男孩,习惯了与这些纯真、快乐的孩子相处的感觉。我没有经历过这样一种绝望,好像突如其来的暴风雨摧残过的断枝残花的绝望。

于是,我回到家,查资料,翻开所有的书查。也许,可以找到一些精神慰藉,这是我唯一能做的。

星期三,平静,没有好消息,但也没有坏消息。我开始乐观了,也许是讹传,或者是误诊。校长说:"明天去医院看看吧。"记起班里焦急的孩子,我想带两个一起去。校长考虑了一会儿,说:"算了吧,路远,学生们正在复习。"我想想也是。于是我找出联欢会的录音带播放,里面有她的歌声。同学们听了,抵消了一些思念。

那歌声像花香,轻轻地弥散。

愿望与客观现实是两个独立的概念。星期四,一切都回归残酷的真实。在离家十几公里的一个医院,李娜已经失明,已经昏迷,并下了病危通知。一切来得那么突然,总让人认为这是一场精心设计的玩笑。

我和一个同事匆匆坐上车,车里竟有许多熟识的面孔。我们相互点头示意,我们有同一个目的:去探望女孩,去寻找希望、奇迹。

病房外面站着李娜的父亲，那个瘦瘦的公务员。人群中，突然有人抱住我，痛苦起来，机械地、语无伦次地絮叨，我无法劝说。直到有人把他拉开，我干涩地说"我想看看孩子"，这才走进病房。那个叫李娜的孩子，安静地躺在床上。几根白色的管子、蓝色的氧气瓶，还有她的鼻孔，她的身体，此时它们是一个整体。床边围满了人，坐着，站着，蹲着，都在抹眼泪。一个妇女一边哭一边诉说着什么。终于，一个长辈训斥道："不要哭，她能听到。"然后开始向外赶人。但走廊里也站满了人，乡邻、亲戚、熟识的人都赶来看望临终的李娜。

我的到来让她母亲又找到了新话题，她拍拍孩子的脸、摸着孩子发青的胳膊，告诉李娜："班主任来了，你不是要考试吗？班主任告诉你不用考了，课，他会帮你补。"我蹲下去，看着李娜那苍白的脸、长长的睫毛，准备好的话，譬如深情的呼唤、旁若无人的鼓励都搁浅在嘴中。她熟睡了，静谧、安详。突然，她的呼吸急促起来，脚猛地动了一下。那个长辈告诉我："她看不到，还能听到。你来了，她高兴。"她的眼角渗出了一滴泪水，向下、向下……她酸楚地哽咽，无法控制。医生迅速地跑过来。我后悔我的到来让她激动，但我奢望她的激动能带来奇迹。我只好默默地祈祷，默默地看着人来人往。几分钟后，一切归于平静。我该走了，让后面的人表达心意。

走出病房，我忍不住又回去看了一眼。她还是平静地睡着，床头堆满了亲戚送来的新衣服。

回到班里，同学们在不安地看着书。终于，有人递上一张纸条：老师，我们想李娜。教室里，泣声一片。我很平静地说："明天考完试，我带你们一起去。"然后，赶紧走出门。这种平静，我差一点做不到。不知是谁，又放起了音乐，是《栀子花开》，"淡淡的青春，纯纯的爱……"满校园都是歌声。两个低年级的女生，跟着哼唱，从我面前幸福地跑过。

那天的考试异常顺利。考完试，同学们自发地排好队。"老师，我们走吧。"走吧，我们同行。踩着暖暖的阳光，满怀希望抑或悲痛，我们向医院走去。

进了屋，她已经被放在了正屋的中间。这是风俗，让快要离去的人占据一个好位置。依然是那氧气瓶的蓝，输气管的白，孩子身上的青，不和谐地构成了真实的一幕。她的母亲，还在给她喂着一种不知名的中药，在擦拭溢出的药水，在向她介绍我们的到来。当她同桌的名字被提起时，她突然又动了，呼吸急促起来。难道她又回忆起与同学们在一起的欢乐场景吗？那么，这种温暖能带来冲破无穷黑暗的力量吗？家人慌忙起身，打电话找医生。我示意同学们出去。最后时刻，我不想让孩子们面对一个生命的逝去。

我和她爸爸又拥抱了一次。他笑着说谢谢，笑容很凄然。

回来时，大家整齐地排着队，缺少李娜的队伍显得冷冷清清。他们不知道，我也不知道，该怎样度过这个下午。那个下午，她也选择了离开。仅仅5天，就离开了绽放鲜花与梦想的少年时代，还有无尽的病痛折磨。平静地离去，也许是一种解脱。我翻开日历：农历腊月十九。快过年了。

这个春节，我重复着一件事：反复播放同一首歌《栀子花开》，"这个季节我们将离开，难舍的你，害羞的女孩。就像一阵清香，萦绕在我的心怀……"听着，就想起她那腼腆的笑，笑容如花；想起她那甜美的歌，歌声似花；还有她那短暂而纯洁的生命，也像花，就像栀子花，清清白白地开，不带一丝纤尘地去，悄然绽放在回忆的每一个瞬间。

新年的鞭炮声响完就开学了，我想带学生们去坟前看看。教室里正飘荡着那熟悉的歌声，"栀子花开，如此可爱，挥挥手告别欢乐无奈……"是的，人生应该由欢乐、啜泣、无奈组成，任何一种色调的比例不和谐都会失去真实。于是，我惆怅。栀子花一般的年龄，淡淡的哀愁，纯纯的爱，才是真实。这种真实，包括不加修饰的记忆，属于他们，属于流逝的时间。而我，当然不能让他们过多地在回忆中生活。

于是，我只是打了一个电话，告诉她父亲，买一盒磁带听一首歌，叫做《栀子花开》，李娜唱过的，很好听。然后，我平静地上课，为栀子花一样美丽的孩子们。

不让结果变质

我的父亲比母亲大好几岁。父亲是从城里下放到城郊农场的知青。说是知青,却并没有学到什么知识。由于某些原因,他被迫永远留在了这片土地上,留在了他深恶痛绝的农村。成了大龄青年的他,无可奈何之下,愤愤不平地娶了农村姑娘并且是半文盲的我母亲。他们的婚姻像一个玩笑一样开始了。这情景仿佛是一幕永远演不倦的戏,贯穿了我的整个童年和少年。

初中二年级时,我遇到了他——刚从师范学院毕业的我的语文老师。那时我的成绩并不好,只有语文成绩勉强说得过去。我从没有动过继续学下去的念头,所以也就不曾在学习上用过什么心思。父亲每月拿着农场发的300多元工资,而他每月的烟酒钱就几乎把这点儿钱花光了。母亲每天地里、家里几头转,所挣的钱,也仅能维持一家人的生活。日子像被绳子勒紧了似的,没有一丝空闲,让人透不过气来。

他的出现让一切懵懂状态都结束了,他对我的关心让我意识到其实我还可以继续上高中与大学,未来很开阔。他不像其他老师完全照着课本讲课。他总是那么神采飞扬带着几分天真地给我们讲他读过的好文章。虽然我们并不是真的懂得这些文章背后的深意,可是大家都喜欢听他念那些温暖的散发着阳光味道的文字。我永远记得他读的那篇《每个孩子都应该有满怀抱的快乐》:"我们来到世上,是为了看太阳的微笑,是为了嗅青草的清香……我们生活在阳光下,拥有满怀抱的快乐。"这是一种我从未体会过的温柔而甜美的生活意境。那节课上,我独自坐在教室后边的角落里,狠狠地咬着自己的嘴唇,拼命不让自己哭出声来。泪水,却怎么擦也擦不干,一直哗哗地往下掉。我以为没有人会注意到我,所以我放肆、快慰地任自己的泪肆无忌惮地流。

第二天语文课后,他走到我的课桌前,很温和地对我说:"放学后到我办公室来。"当时,我有些不知所措。我不是好学生,但我也不是坏学生,我想不出他为什么找我。到了办公室后,他从抽屉里拿出两本书递给我,很真诚地对我说,这两本书很值得一读,对我的人生会有些帮助,并让我看完后再去换其他的书。那是我记忆中最快乐的一天,我从没有受到过如此的关爱与重视。当时,我觉得自己整个人轻得要飘起来。

在这不断的一借一还中,我对他没有了对一般老师的畏惧。慢慢地,我会把自己读书后的一些想法和感受写给他看。每次,他都会用红墨水在文章旁边写下工整的批语。遇到我写的有些味道的好句子,他还会在后边画上一个戴着可爱的南瓜帽、系着长领结、穿着大头皮鞋的卡通人。有时,它把手插在裤袋里,带着甜蜜的微笑；有时，它翘着嘴，伸出它大得过头的大拇指。如果遇到我写的伤感的句子，它还会蹲在旁边伤心地落泪。这些似乎成了我与他之间的小秘密，也逐渐成了我好好学习的动力。

  时光就这样悄悄地过了一年多，我的成绩有了很大提高。一个周末，我很平静地把我要考高中的打算告诉了父母。母亲什么也没有说，只是默默地低头吃饭。父亲喝了点儿酒，借着酒劲儿，他红着脖子对我吼："你个女娃子读那么多书要干啥子？老子没钱给你读。"我不知从哪里来的胆子，顿时嚷道："为啥子？我不想做个妈那样的女人，更不想嫁一个你这样的男人。"父亲立即被我激怒了。他"哗"地一下站起来，顺手抄起他坐的长板凳朝我的头劈来。顿时，血顺着我的额头、我的脸颊、我的脖子，流到我的白衣服上，迅速地一层层洇开，像一朵罂粟，浓烈地开在我的胸前。

  我只觉得痛，撕心裂肺的痛。那一刻，我绝望地想到了死。我不知道我的生命为什么如此卑微而又无可奈何。我就这样漫无目的地走着，竟走到了校门口。坐在教学楼冰冷的台阶上，我胡思乱想，悲观的情绪流遍了全身。

  他看到了我，什么话也不说，拉着我就跑到诊所为我包扎伤口。我以为我不会哭的，可是，在看到他的那一刻，泪水就不受控制地流了下来。他很耐心地听我断断续续、不着头绪地哭诉后，说："不用担心，高中的学费和生活费由我来解决。"

我在他的帮助下开始了我的高中学习。每个周末，我都会回到初中的学校去看他。每次他都是那么兴致高昂地为我炖鱼或熬鸡汤。事实上，他的厨艺并不像他所设想的那么令人赞叹，经他手做出来的鱼与鸡简直像是经历了一场劫难，全没了形。可是，他还是乐此不疲，我也吃得津津有味。遇上天气特别好的时候，我们也出去转，打一会儿羽毛球或乒乓球。

这种淡而似水却又清澈透明的日子一晃就是一年多。当时母亲为了照顾我，在镇里打零工，现在接的活计越来越多，在养活我们母女的同时，还有了些许余钱。我已不再需要他的接济了。可是，我依旧每周都去看他，这已经变成了一种习惯。偶尔有事去不了的话，心里就怅然若失。

流言飞语开始不断向我们袭来，可他依旧义无反顾地照顾着我。我上高三了，他不时地给我找来些复习资料，时常提一袋水果来看我。在高三的学习中，我总有一种患得患失的迷茫与困惑，他总是以一个过来人的身份安慰我、鼓励我。在他的鼓励下，我顺利地度过了高考前紧张的复习阶段。

高考前夕，父亲竟提着东西来看我，带着些许讨好的笑。我的眼睛一下子湿润了。那一瞬间，我从心里原谅了他。

拿到大学录取通知书的那天，我是那么迫切、那么欣喜地要把这个好消息第一个告诉他。一路上，我的心都快跳出来了。我努力地克制着自己的喜悦，还抑制不住地去想他知道后的美好表情以及我们以后幸福生活的画面。敲他宿舍的门,却是一个女子开的门。然后,他从厨房出来了,一脸的幸福与从容。我把手中的通知书递给他看,淡淡地说:"我考上了。"这个女子问清我是他的学生后,非要留我吃午饭,俨然一副女主人的架势。

她做了一条红烧鱼,麻辣鲜亮的汤,细嫩爽口的鱼肉色香味俱全。我想,他终于不必吃自己做的惨不忍睹的红烧鱼了。我看着他很细心地把鱼刺择了再把鱼肉夹给她,心里非常难受。他们看彼此的眼神,仿佛已经地老天荒。

走时他送我,我带着玩笑的口吻问他:"什么时候给我骗来个师母啊?"他笑着说:"半年前家里给介绍的,你学习忙所以就没有告诉你。她人很好,是不是?"

我微笑着点点头,眼睛却已经湿润了。我没头没脑地问了句:"为什么?"

他非常严肃认真地看着我,轻轻地说:"最开始,我只是想帮助一个无助的孩子。我不想让最终的结果变质。现在,你考上了大学,这是很完美的结局,不是吗?"

我哽咽着问:"你会快乐吗?"

他很肯定地点了点头。到了大二上学期时,我收到他寄来的一封信和他们的一张结婚照。泪水再一次盈满了我的双眼。但是无论今后我漂泊在哪儿,过着怎样的生活,我都会把他刻在我的心底。没有他,我真的无法想象现在的我会是一个什么样子。或许，早已如大多数贫寒的农家女儿一般早早地结婚生子，每天为着柴米油盐而绞尽脑汁，然后，在无情的生活中被慢慢磨成一个粗鄙的妇人，安静而又喧闹地过完我的一生。如果没有他的话，我或许早就被迫放弃了学业。在人生的道路上，是他用独特的爱心扶了我一把！

情 书

平生伪造过的文字，是一封情书。

北大荒，一年的日子，有半年与白雪相对。雪之单纯、单调让人觉得无聊。打发日子最好的办法是打赌，其次是恶作剧。

壶盖是我一校友的外号，缘自何起因已记不起来了。壶盖比我们年长一两岁，以脏、懒、馋而遭人厌。壶盖身上养了不少虫：以虱子为多(地面部队)，臭虫次之(坦克部队)，跳蚤又次(空降兵)。壶盖因虫累赘而面色苍白，终日坐在那儿，将手探入衣服，清点、整编他的三军。时有自语式的演说嗫嚅出口。壶盖大多数精力都用来对付那些虫子了，生活消沉，落寞。

想伪造一封情书给他，是我另一位校友烧鸡的主意。大概是想对其低落的情绪有所启发。主意出了，由我来写。当年并没有见过《情书大全》、《席慕容诗集》类的书，只有凭空造句。为生动起见借用了一些当地的俗语和语气词。还记得其中一些文字："×××：你这小伙儿真不错！俗话说，浇花要浇根，浇(交)人要交心……你如想与我相识、相知、相爱的话，咱们×日中午在供销社门口相会……"署名用了当时很流行的"知名不具"。全文广用感叹号,烧鸡读完后很觉不错,为表示对我文字的钦敬,买了一瓶劣质草籽酒奖赏我(追溯起来,那该算我挣的第一笔稿酬)。

情书放在了壶盖脏而乱的铺上。大家边打扑克边留意他的种种举动。他大致的过程是:进屋,爬上铺,发现情书,坐读一遍,卧读一遍,背身读一遍,呆想一遍,收起情书,此时有光彩从脸上溢出。

接下来几天,壶盖大烧热水,洗煮自己的被褥和衣裤。因颜色间的相互感染,宿舍中晾满了色彩可疑的裤褂。此间他去外连筹借到了一件呢子外衣和一双懒汉鞋,一副皮手套。

大家知道他在为那个虚假的相约而狂热地准备着。转眼全连三百多知青都知道了,独瞒着他一人。这有点残酷,我曾试着点了他两次,没用,他很兴奋,这戏必须演完了才能收场。

那是个壮烈的场面,壶盖在漫天的大雪中,穿着单薄不太合身的服饰站到了供销社门口。全连的男女知青,在后窗户中看着他。雪落在他头上,雪落在他的睫毛上,壶盖平静而坚定地站着,专心地等着那个时间的到来,甚至从头上掸去雪花的空暇都没有。他被单纯的雪染白着……

羞辱从我们的心里生出来,壶盖的坚定坦白,让人惭愧。烧鸡打开后窗户喊他。直至两个人跳出去,把他架了回来。

以后的几天,他依旧穿着那服饰沉默地出入。大家有点担心,有天晚上,我拿出那瓶草籽酒来,要求与他共享。他喝到中间时说并不因为这事而恨我们。至今他也不相信那封信是假的,他知道有一个女孩会为他写这样炽烈的信。她总有一天会再与他相约。

他没什么可该劝慰的,他比我活得痛快,他心里有了期待。

碗

一对年轻夫妻，当初刚结婚的时候，都是他给她盛饭的。一小碗雪白的米饭，热气腾腾，轻轻地放在小饭桌上，伴着盘子里菜肴的香和新婚的甜蜜。

这个过程有多长？几个月？还是一年？她现在已经不太记得了。只记得后来她慢慢成了厨房的主角，淘米，切菜，揉面，在抽油烟机的噪声和汤锅里冒出的蒸汽中忙活，然后，把一小碗雪白的米饭盛好了端到饭桌上，放到他面前。直到有一天，他望着雪白的米饭显得毫无食欲，像对着米饭又像对着她说：咱们离婚吧。她大吃一惊。

怎么回事呢？当端碗的手悄悄变换以后，当雪白的米饭日复一日地端到饭桌上的时候，这其中有什么在悄悄改变呢？

碗也许知道这一切。但碗不说话。

我还认识一对夫妇，男的曾经是一位教师，女的曾经在工厂做工，他们黄昏时经常牵手在小区里散步。这对老夫妇恩爱终生。关于碗，老教师曾经有过一段精彩的论述。

他说：他这辈子用过许多碗，粗瓷黑碗，普通白碗，搪瓷碗，烤花碗，还有个后来做了官的学生送过他几只景德镇的细瓷碗，他舍不得用，儿子结婚后给了儿子。这些碗都是不同岁月的见证，也是他们夫妻生活的见证。他们早年用的粗瓷黑碗有次摔破了，他要买个新的，妻子却让小炉匠在碗上铆了个铆钉，继续用。那时候穷呀，要节约。后来，又有只碗有了缺口，划破过他的嘴，因为他有边吃边看报的习惯，从此后，妻子每次都挑那只有缺口的碗自己用，把好碗留给他。他记得早年端碗的妻子的手是细腻白皙的，后来渐渐变得粗糙、干黄，最后终于变得又老又枯，对面的人也由当初的美丽少妇变成了老太太。这两年，妻子的手端碗时有些抖，因为她患了脑血栓，心脏也不好，住了一段时间医院，落下了这个后遗症。他还说，多年来，凭碗落到饭桌上的声音，他就能揣知妻子的情绪变化，如果声音很轻，说明她高兴，如果声音浊重，或是顿了一下，说明她心里不痛快，等等。

　　但他们还是出了事——具体地说，是老太太出了事。后来他说，那天中午，老太太盛饭给他的时候，手似乎就抖得比以往厉害些，但这只是事后回忆中的模糊印象，当时却没有意识到这一点，因为他正在看报，注意力全被新闻吸引住了。他还记得妻子说有点不舒服，先不吃了，要去躺一会儿。他唔了一声，继续看，边看边吃。一沓报看完，他忽然想起妻子，到卧室里一看，她躺在那里已经处于昏迷状态。他慌忙打电话，叫儿子，叫车，碰翻了桌子，碗掉在地上摔成了两半。

她没能醒过来。他对当时自己只顾看报追悔莫及。现在，妻子的遗像挂在墙上，下面的案子上摆着一只碗，那是妻子最后盛饭给他又摔成两半的碗，他请人用铆钉铆好，里面盛上红豆，每天上一炷香，把点燃的香插在碗里。

文章开头提到的闹离婚的年轻夫妻，是他的儿子和儿媳，他到他们家里去劝过两次，没什么效果。他们当着他的面就吵起来，有次还摔碎了他送给他们的景德镇细瓷碗。他咂了咂嘴，想告诉他们，那是很珍贵的碗，现在很值钱，但终究没有说出口。也有一两次，他们到他家里来，看到那破碗和碗里的红豆，问为什么要用破碗，为什么要在碗里装红豆。他同样没有回答。

他想告诉他们，对他来说，那个破了又修好的碗是这世上最珍贵的碗，可他们能听懂吗？还有，他妻子的名字就叫红豆，可他们早就已经忘记了。

但他记得。那只碗也默默地记得。

危险人物

那是在35年前,我们镇上来了一位名叫摩根·约翰逊的青年,并在那里住了下来。

那时候,问别人的来历会被认为是不礼貌的。摩根·约翰逊从不谈及自己的身世经历,这使人感到他充满了神奇色彩。

在许多方面,他看上去是个凶残的家伙。他脸上斜过鼻梁有一道伤疤,两条粗黑的眉毛连在一起。黑头发,黑眼睛,有着与众不同的瞧人方式。35年前,当他第一次出现在桑塔菲大街上时,有些人说:"这是个危险人物。"

当摩根·约翰逊再次徘徊在桑塔菲大街上时,曾经听说过他的人又对另外一些人说:"这可是个危险人物。"

渐渐地,每个看到他脸上的伤疤和黑眼睛的人都说:"这是个危险人物。"

到后来,小镇上所有的人都晓得摩根·约翰逊是危险人物。每当他徜徉街上,以他那独特的方式瞧着众人时,大家都对他敬畏至极。

假如他偶然走进一家酒吧,刚刚还在进行的互不相让的争论马上就会停止。假如他偶然说了点什么，无论说的是什么，每一个人都极力赞成，其实谁都不想跟一个危险人物找麻烦。

单是摩根·约翰逊脸上的伤疤就告诉了人们他曾有过怎样的不平凡的经历。他能活着，而且还能在这里悠闲地散步，这更说明了他是足以保护自己的。

他从未说过伤疤的来历。可是有人说他们听说那是他勇战的标记。在纽约的一个深夜，10个强壮如牛的家伙对付他一个人，其中有一个家伙向他开枪。子弹擦伤了他的鼻子落下了疤。最后，摩根·约翰逊把他们10个人全干掉了。

没人知道是谁开始讲的这个故事。摩根·约翰逊从未否认过这段传奇的经历，甚至任由传说的人数增加到20。事实上，摩根·约翰逊从未否认过任何有关他的传闻，就像有一只无形的手堵住了他的嘴，让他只专注于他的生意。

他在我们镇西外住了许多年，常常被居民指给到那里的旅游者，并告诫说："这是个很危险的人物。"

摩根·约翰逊快50岁的时候，有些人一看见他就要发抖，这颤抖直到他走出视野才能停止。

有一天，摩根·约翰逊正在街上漫步，发生了一件出人意料的事。那天，一个名叫川都的有气喘病的矮老头从酒吧摇晃着走出来。川都是个牧羊人，来自哈凡那河下游。没有人想过要去搅扰他，尽管他只是个放羊的。他每月进城酗一次酒。这天，他从酒吧酗酒出来。

酒吧卖的威士忌很烈，常常使一些从未想到要打架的人打起架来。然而，没有人料到这酒竟然烈到让这个牧羊人能打架。川都一看见摩根·约翰逊，便上前一把抓住他的衣服领子，并对他说："你是危险人物，是吗？"

大家都在为可怜的川都担心，因为谁都知道摩根·约翰逊会把他当即撕碎。然而，摩根只是眨眨眼，说："什么？"

"他们告诫我你是个危险人物，"川都说，"我要用刀子把你割开看看，你是什么材料制成的。"

说着，他掏出了剥羊皮用的大折刀，要用刀子割裂摩根·约翰逊。

但是，摩根·约翰逊看见刀子的一刹那间，急转身，避开刀子，以惊人速度逃跑了。每一个目击者都说，如果他平时跑不快的话，那天他准会成为一名出色的短跑选手。

当然，川都不可能追赶他很远，他人老了，而且又喝醉了。摩根·约翰逊一刻不停地跑到镇外。最后一个看到他的人说，他朝着丹佛的方向跑去了。从此，他便销声匿迹了。

后来，大家都说有关他很危险的传闻是假的，他没有在纽约杀死10个人，也没有杀过任何人。至于他脸上的伤疤，有人说那是在一次他想摘下一位妇人的手袋时划破的。

也许这比他杀死10个强壮如牛的家伙的传说更不可信。但是，我们镇上的每一个人至今都坚信不疑。

我祖父常常说起摩根·约翰逊。他说这件事在某些方面证明了人性。我祖父讲，你可以说一个人好或坏，如果你说得多了，最后人们也就相信了，尽管到了最后也许证实他不是好人或坏人。

我祖父说，他总是隐约觉得摩根·约翰逊并不是什么危险人物。但是，当人们问起他："你对人们所赞同的川都为什么不表示怀疑呢？"他就会这样回答："当人们认为一个人是什么样的时候，他很可能就是那样的。如果事实的确是那样的话，我是不会打破这个惯例的。"

站起来

我是一个独生女。在家里，不仅爸爸妈妈爷爷奶奶宠着我，还有一群爱护我关心我的好朋友陪伴左右，永远在我最需要的时候给我鼓励和支持。初到英国，我失宠了。围在我身边的不再是一双双关怀的黑眼睛，换来的是一双双陌生而高傲的蓝眼睛。

我努力地想要融入英国同学的朋友圈子。然而，无论我如何地努力，她们总是以冷漠的眼神把我的热情拒之门外，也常常忽略我的存在。

但是，为了不惹是生非，为了要融入英国同学的圈子，我还是对每一个人抱着最平易近人的态度。学校有个规定：二、四、六下午四点至六点和晚上九点至十点是Visting Nights，也就是男女生互访的时间。有一天晚上互访时，我们一帮男女生在宿舍里玩Twister的游戏。这是他们从小玩到大的游戏。规则是在地上铺上一张画有红黄绿蓝四种颜色圈圈的塑料布，由一个人转转盘，转盘分成四格，上面写着：左手、右手、左脚、右脚，并在每一格里画上四种颜色的圈圈。其余的游戏者要按照转盘的指示把手或脚放到相应颜色的圈圈里。比如说：转到左手绿色，游戏者就必须把左手放到绿色的圈圈里。这个游戏十分适合一群人玩，而且玩起来也十分搞笑。虽然我从来没玩过，但看一会儿也看得明白，就跃跃欲试地加入到排队的行列。轮到我的时候，那个转转盘的男孩子竟然看也不看我，就说："汉娜，轮到你了，珍妮弗不会明白这游戏的。"

我实在忍无可忍，心底里积压的不满瞬间爆发了出来："你凭什么这样？我当然会玩这个愚蠢的游戏。你们为什么总是忽略我？我不是透明的！"

顿时，嘈杂的房间安静了下来。大家瞪大了眼睛看着我，每一双眼睛里都流露出无比惊讶的神情。我自己也被这突如其来的反应吓了一跳，实在不敢相信自己刚才说的话。

两秒钟的寂静之后，突然有人带头鼓起掌来："哇，珍妮弗，刚才真的酷呆了！"

由于她的带动，掌声由稀稀落落变成阵阵雷响，大家纷纷为我刚才反驳的举动欢呼。那个转转盘的男孩灰溜溜地坐在一旁不做声。

带头鼓掌的女孩子走到我身边，在我耳边说："你做得棒极了。你必须为自己挺身而出，为自己站起来。我现在才真正认识你。"

她就是乔安娜，是全校最漂亮最有个性且最爱出风头的女孩，也是我在以后两年的日子里最要好的英国朋友。在这之后，英国同学接纳了我,我也自然融进了英国同学当中,不再是一只失宠的绵羊。在英国孤独的日子里,我学会了坚强;在被同学排斥的时候,我清楚地了解到:只有学会为自己"站起来",才对得起自己,也才会得到大家的认可和尊敬。

明月照进我的窗

[我不认为郑明月是美女]

2005年7月,我毕业满三年了。这天下班前,经理要我们这些文案到人事部去领人,单位招聘了一批试用期零工资的大学毕业生,给我们每个人都配一个免费的助手。

因临时接了个电话,我去得晚了点,只有一个大学生在那儿等,见了我连忙站起来。一看这姑娘就是被挑剩下的,人事部的小齐还邀功似的说:"周,你看我给你留了个美女。"

其实我不认为郑明月是美女,虽然她五官长得确实比较清秀,眼睛是现代人少有的黑白分明。她实在太不时尚了,以至于一眼就能被看出是农村来的孩子。不仅衣服头发统统没有形状,嘴巴也不会说什么,只是一个劲对我微笑。

后来听同事们抱怨,这些学生都没什么能力。和郑明月一样,他们大都是被坏学校骗来读自考的孩子,学校根本就没怎么管他们,给了个毕业证而已。郑明月还好些,至少勤快,我加班她也跟着加班,有时候我深夜做好策划,就让她带回家帮我挑错别字,她总是毫无怨言地把资料和字典一起装到包里,第二天准漂亮地完成任务,还不迟到。倒是我,一加班就迟到,我是首席文案,一个人一间小办公室,所以总害她等门。

后来我给她配了把钥匙,叮嘱她不要告诉别人,单位不允许的。我不觉得这件小事有什么,她却很感动,把钥匙紧紧地攥到手心里。

[姑娘不过是穷]

随着时间的推移,和郑明月渐渐熟了,她说话的声音也放开了。有时候,她会拿着字典,读一些漂亮的辞藻给我听,眼神晶亮地告诉我她很喜欢一些字,比如说"碎",比如说"黯",说这些的时候她脸上有一晃而过的忧伤,心情好的时候,我会觉得她很美。不过大多时间我会觉得她很做作。

有天天气很热,我没有心思吃饭,但偏偏很想吃冷饮,就让下去吃饭的郑明月帮我带个冰激凌上来。她答应了,却没有带,不好意思地向我解释,姐,对不起,我没有零钱了,一百一张的人家找不开。我有点失望,不过也只得罢了。可下班我们一起去坐车,她掏出钱包觅零钱,我无意中看见她拉开的钱包里鼓鼓囊囊,一包五块、十块、一块的钱。我愣住了,忽然觉得这姑娘并不像她表现出来的那般没有心计。她这样做,顶多怕我不给她钱吧。

我对郑明月有了戒备,下意识地,观察她也多了一些。我发现这个姑娘真的很奇怪,她和男同事接触很少,从不和他们一起吃饭;她从不请客,亦从不吃冷饮,午饭固定只吃三块钱的盒饭;不光对我,所有的人要她帮忙带东西,不给她现钱,她也不会带回来。这几乎成了她的原则。看多这些,我忽然宽容了。姑娘不过是穷,因穷而吝啬、小心罢了。能怪她什么呢?

[她帮我交了40块钱]

知道郑明月的故事是听她同学说的。有一天她没来上班,我有点担心,却不知道怎么联系她。中午吃饭的时候,她以前的同学来告诉我说,她病了,刚才给他打了电话来,让帮忙请假。那是个很健谈的男生,见我一个人,就把他的饭端到我的桌子上,耀宝一样谈起了郑明月的往事。郑明月确实是农村的孩子,她大学时的男朋友也是农村的。可大二那年,男朋友出了车祸不在了。郑明月很伤心,可还是要生活,因为她必须赚钱养父母。即使是现在工作着,她也带着三四份家教呢……那顿饭我根本没吃好,莫名地,我很讨厌那个男生调侃、愉快的语调。我的心随着这个故事沉下去了。

因为这个故事,我对郑明月渐渐地好了起来。我试着锻炼郑明月写一些广告词。不过她写东西很诗意、很文气,缺乏广告的跳跃和火爆，要再三修改，才算不错。逐渐地一些不太重要的策划我也交给她做了。她很高兴，做起事来很有劲头。

那阵子，因为加班，很多人都迟到，单位查人比较紧。可无论我来得多早，郑明月都已经坐在办公室了，眼睛红红地和我打招呼："姐，早！"

我是被经理记了四次迟到后才懒洋洋地去交罚金的，一共40块。可让我惊讶的是，经理告诉我郑明月帮我交过了。我当时都蒙了，这个姑娘没问题吧？穷成这样，还帮我交罚金。我执意把钱还给她，她左躲右闪急红了脸，对我说："姐，你别。我知道你迟到都是为了给我改文案，这钱本来就该我出。"这回轮到我脸红了，这个姑娘也太老实了，难道她不知道她是在帮我做事吗？

不过，我真还没把40块钱还成她。那次之后，我知道这个姑娘心里有一杆秤，是关于钱、关于付出的，它像铁打的原则一样，谁也不能碰。

[郑明月的第二次爱情]

秋天的时候，我要给郑明月介绍对象，她推辞了，我猜她是还放不下原来的那个男朋友，就缠住她老说老说，她架不住我的好意，只得答应了。我想帮她忘了从前，重新开始。我给郑明月介绍的对象是工程师，也是农村来的，一直忙事业，想找个好老婆过日子。

相亲之前,我把郑明月带到我家,让她一套套地试我的衣服,试穿白色的露背裙子时,我左看右看,上去把她扎成松散马尾的头发散开。天哪,她真美。

果真,只见一次,工程师就喜欢上郑明月了,千叮咛万嘱咐要我一定要帮他的忙。那阵子郑明月也挺开心的,眼睛有亮晶晶的神采,总爱笑。

有一阵,工程师约会郑明月的次数很多,请她吃午饭或者冷不丁地跑来给她送束花。他还提出带她去买衣服,但被她委婉地拒绝了。看着两个人柔情蜜意,我以为,郑明月的幸福生活马上就要来到了。可这当口,工程师却忽然偃旗息鼓了。

开始我没发现,那天查看郑明月校对的错别字,很多地方她把对的都改错了,我才注意到她的精神有点不对头。仔细一想,工程师似乎好久没找过她了。我问郑明月,她支吾着什么也没说。我只得问工程师,对方也很气恼,他说,你问郑明月吧,我怀疑她人有问题,要不就是家庭环境太复杂了。我一再细问,才知,郑明月向他借过钱,说是家人病了,他陪她去邮局,却发现她填了两张单子,一张填到云南,一张则填到了甘肃。他问她,她却什么也不说,逼急了,她就说这钱我会还给你的。工程师当时就恼了,他觉得这个女人太不透明了。

郑明月似乎一夜之间就又回到了以前那种没有起色的生活,

不注意衣服、不注意头发,眼光淡定,沉默地早来晚走,周末带一个又一个的家教,看似没有尽头。

后来,那个工程师告诉我,郑明月把钱还给他了。说的时候叹了口气,可能是遗憾吧。

[唯有郑明月]

为期半年的零工资试用期,转眼就要到了。实习生们都很恐慌,没有人再请假、迟到,做起事来都特别卖力。大家都知道,能不能留下来就看这段时间了。可就在这个时候,郑明月却旷工了,没像上次那样找人请假,也没有打电话来。

担心郑明月,下班后我按照她留在公司的地址找到她家。是与她合租的女孩给我开的门,这是一间10平方米左右的民房,用帘子分了简单的两间。病恹恹的郑明月小猫一样蜷缩在她的小床上,看见我她想坐起来,可能头晕,又躺下了。望着我,眼睛里缓缓溢出泪来,她说"姐姐"。只说了两个字眼泪就掉下来了。我被她叫得很难受,握了握她滚烫的手。室友说她最近太劳累了,感冒后又不注意护理,就发烧了,刚吃过药。我和室友下去买饭,在路上我和她室友聊天,从她嘴中我才知道,郑明月到底过着怎样的生活,我脑海中关于郑明月的故事丰富起来。

大二那年,全国人民都生活在非典的恐慌中,她和男友正热恋，像所有恐慌的情侣，他们说到了死亡，然后拉了钩。他们说好如果一方死了，另一方就要负责养对方的父母，让离开的人心安。本来是小男小女恋爱时的疯话，可他竟真的去了，她也真的一个人用单薄的肩膀挑起了两家的重担。那次她向工程师借钱，就是给他母亲寄去的，后来想想也给自己的家里寄了些。

这么多年，郑明月不是没有谈过男朋友，但是这社会，愿意负担女方老人的男人已经很少，谁又会那么傻，替女人曾经的男朋友养父母呢？这么傻的人，唯有郑明月吧？！

[郑明月留下了什么]

郑明月病好后，没能留到公司，虽然我向上面极力推荐了她。事实上这批实习生没有一个能够留下来，公司一开始就打算好了白用人。郑明月走的时候我给她留了手机号码，希望有需要时她可以打给我，但至今她一次也没有打。有一次我心血来潮去找她，可那间民房也早早易了主，没有人知道郑明月去了哪里。

这批年轻人来了又走了，似乎没有留下任何痕迹。只有天使知道吧？曾经有一个叫郑明月的姑娘，在我的心里打开了一扇窗，再没有人能关上。

跨出去的勇气

大学的暑假,她和两个师兄去了敦煌莫高窟。他们每天去洞里参观,下午4点景点关闭后,两个师兄就背着摄影包出去采风。只有她无所事事,百无聊赖,当地夏天的白昼极长,晚上10点仍有自然光。她便打算利用下午时间,去看看向往已久的沙漠,但每次提出来都遭到师兄反对:"你别胡闹了,要去也得哪天早上一起去。"也没人告诉她,为什么下午不能进沙漠。

一连好几天,终于抵挡不住沙漠的诱惑,她决定单独行动。她心想,你们不让我进沙漠,无非是担心天黑了,怕我一个人走丢,我才没那么笨呢?她向当地人借了一个手电筒,装干电池的,足有半米长,两头有带子可以背在身上,挺沉,仿佛一杆长枪。有了这件超级武器,她顿觉信心倍增。

那天下午,一切准备就绪。她头戴破草帽,肩上交叉斜挎着手电筒和水壶,胳膊上绑着湿毛巾,还带了一把短刀和一盒火柴,像个全副武装的战士。临走前,她特意给两位师兄留了个小纸条:"我去沙漠了,你们不用担心,我带手电了。"然后,她满怀信心,顶着烈日独自出发了。

刚进入沙漠，胳膊上的湿毛巾就"滋滋"地冒白雾，此时气温高达40度，但她已被另一番景象吸引。天空是明艳的蓝，地上是耀眼的黄，相互交错辉映，如梦似幻。金灿灿的阳光，像大把大把的金属沫，刷刷地抛洒下来，落地成金。一望无垠的沙丘，一尘不染，一脚踩下去，"哗"地溢出一片流沙，然后刻下一个深深的脚印。沙漠如此古老，而自己如此年轻，她不由得心潮澎湃，豪情万丈，感觉是去赴一个千年之约。她丝毫没有察觉，危险正悄悄袭来！

天快黑了。她突然感觉身上凉飕飕的，环顾四周，天空已变成了一口大锅，笼罩四野，四面八方的沙丘竟然一模一样。她本来是顺着一条干涸的河道进来的，此刻别说河道找不着了，就连东南西北都分不清了。正迟疑间，她浑身又一阵哆嗦，此时气温迅速下降了30多度，一下子从火炉掉进了冰窟，而她身上只穿着牛仔短裤和小背心！

求生的本能，让她暂时忘掉了恐惧。她再不敢随意走动，只能等到天亮再说，当务之急就是生火取暖，否则会被活活冻死。沙漠里只有一种蕨类植物骆驼刺，她拿出短刀，拼命地连挖带扒，双手被刺得鲜血淋漓。好不容易挖出一大堆骆驼刺，拿出火柴点火，却怎么也点不着，火柴只剩下小半盒！这时，她想起身上还有一条毛巾，又把毛巾垫在底下引火，终于点燃了骆驼刺。她手握着短刀，一会儿烤火，一会儿又去挖柴火，丝毫不敢松懈。

一直忙到快天亮，两个师兄顺着火光找来，终于发现了她。上来就是一顿臭骂："你这个傻丫头！你知道沙漠有狼吗，你知道沙丘会平移吗，你知道沙尘暴吗，你知道沙漠的日温差有30多度吗……"她什么都不知道，闻所未闻，吓得脸色苍白，连连摇头。

"你不是说，你带了手电吗，有用吗？"她猛然想起，手电还背在身上，别说用，连摸都没摸过。而她当初正是仗着这个手电，才敢孤身勇闯沙漠，哪曾料想，真正到了紧要关头，其他东西都起了作用，唯独手电毫无用处。简直是个笑话，好在有惊无险。

你不一定能猜到，这个年少莽撞的"傻丫头"，就是于丹。那天在电视上，听她讲起这段沙漠历险记，我也忍不住大笑。不过，故事还没结束。

于丹硕士毕业后，被分配到一个叫柳村的地方工作。那里地处偏僻，条件异常艰苦，她感到前途渺茫，一度消沉沮丧，委靡不振。

一天，她忽然收到一封奇怪的来信，不见抬头、落款，只写了一句话："我什么都不怕，我带手电了！"不用问，信是师兄写的。直到七年之后，她终于明白，当年那个手电，其实是有用的，它的作用不是用来照明，而是给了自己独闯沙漠的勇气和信心，让自己无所畏惧，勇往直前。"是啊，我连沙漠都闯过来了，柳村又有什么可怕的呢？"她重新振作起来。

否则的话，今天在央视《百家讲坛》上讲《论语》的，恐怕就不是于丹了。

事实上，向前跨出一步并不难，难的是，你是否有跨出去的勇气。

改变一生的一天

我祖父上面三代以讨饭为生；我父亲辈上靠种田度日；到了我这一辈，家中走出5位大学生。人生百味、酸甜苦辣，难以言表，但有些事情，却又刻骨铭心，令你永不忘怀。

1961年8月31日就是我终生难忘的一天。

那天非常炎热，而我的心情比这更灼热，接到高考通知书的同学相继离开了家乡，而我还在焦急地等待着，年迈的父亲终于忍不住问我究竟考得怎么样？我肯定地回答：考得不差(后来得知是全省第二名)，但我也很纳闷儿，莫非是我的志愿未填好，清华，北大，复旦……我心中的圣地啊！我决定不再等待，赤脚从田里一气跑了数公里赶到母校询问。班主任把压在抽屉里的录取通知书拿给我，本想给我解释什么，我一看，是南大数学天文系，啊！原来学校给我改了志愿，但报到须知又注明：报到截止日期是8月31日，过期作自动退学处理。天啊，此时已是中午11点，我顾不上班主任的解释，又是一路疾跑回家。

娘听说我考取了，却哭了。爹知道我考取了，更急了。困难时期，家中难哪，好不容易才向本村小学教师借了1.5公斤粮票、

3元钱，捆扎了一包来不及洗的被子和衣物便匆匆上路，家离徐州100公里，车票买不起，只能拦截卡车，善良的司机知情后，不收分文把我送到徐州火车站，此时已是下午5点半，车站售票处公告牌上"停售3天"四个醒目的大字赫然映入我的眼帘，我呆了，怎么办，找售票处，找调度室，找站长室都无济于事，原因是部队调防，大批军人在徐州站待发。我不能"瓮中待毙"，兴许是急中生智，靠着一位好心人的提醒，我便沿着火车站的围墙跑到火车站的尽头后，又沿着铁轨折回到站内，只看到一列列军车和排列整齐的一队队解放军战士。一位站岗的士兵拦住了我，我讲了情况，几位解放军的首长看了我的通知书并审视我一阵，确信我是刚刚录取的新生后就让我立即爬上一列闷罐车，并一再叮嘱我，不要向战士打听任何情况。我知道，部队调防属于国家机密，能让我跟车已属不易。车开了，沿途的风光我全然不觉，只想到今晚12点前必须赶到南大报到，因为它还属于8月31日。否则……车到蚌埠，全员换车，我随大军又赶紧爬上另一列闷罐车，继续南行。车至乌农，离浦口还有7.5公里，车停下不再前行，全体将士下车等待渡江命令，估计此时大约已半夜时光，看来12点前是赶不到了，我开始惆怅。回头已无路可走，前进，兴许还有希望，于是我下定决心，背起行装，由满天星星引路，沿着铁轨一气又跑到浦口码头。真是天无绝人之路，本是半夜12点就停开的渡船不知什么原因在凌晨4点又加开一班轮渡，我花5

分钱买了一张船票匆匆上船，浩瀚的长江我无心观赏，只是向人们打听南大的情况。船到中山码头，一打听，这里离南大还有数公里路，公交车还得等一个半小时才能开出。为了求学，我这个农村长大的穷孩子不怕吃苦，为报到争分夺秒，我又背上行装，向南大方向疾走。没进过大城市的我只好边走边问，边问边走。在多位好心人的指点下终于走到了南大校门口。汗水流尽了，嗓子冒火了，一看到校门，我眼前一黑便昏了过去……门卫师傅给我按人中穴、灌水，又把我送到宿舍。

　　南京的天气热得像火炉，一大早就是那么闷，再加上我一天一夜滴水未进，我捧起自来水便汩汩喝个够，想洗掉一身的臭汗，又不知哪是洗澡间，只好不顾体面地在洗漱间冲洗。一位好心的同学告诉我，昨天报到已结束，8点钟你到系里问问还能上学否！人地生疏的我，又是一阵打听，出了西校门，看到了几座圆屋顶，据说这就是数学天文系的办公室，我怀着敬仰的心情正想对这几个圆屋顶看个究竟，一位提前上班的老师问我干什么？我才如梦初醒，即向他讲明情况，并向他打听还能否读书。他让我好好地给系领导说说看。8点钟后，我将情况向系领导作了详细陈述，但学校的规章制度是严格的，系领导对我除惋惜同情外，便无计可施。绝望中我突然闪出一个念头，嘴里同时念念有词地喊起了："我要见郭影秋"，因我听父辈讲过，南大的郭影秋校长曾在我们家乡闹过革命。也许是老天有灵，郭校长正巧向数天系走来,站在我身旁的一位老师从同情我到有些责怪我,你怎么能直呼郭校长的名字呢?然而郭校长却未在意,他询问了我的一些情况后,就像慈父一样安慰我,并通情达理、实事求是地作出决断,我终于圆了大学梦。

如今,我已是一名大学计算机教授,抚今追昔,我感慨万千,想当初,如果不是不知名的司机、解放军官兵的帮助,热心人的指路,门卫师傅的急救,数天系老师、领导的关心,郭校长的相助,说不定现在我还在修理地球呢!今天,当我即将告别20世纪,进入光辉灿烂的21世纪之际,这人间温馨仍一如既往地给我前进的力量。

1961年8月31日这一天,使我终生难忘。

我的
牛仔生涯

在18岁前,我一直过着养尊处优的生活。我有个叔叔在美国,每个月都寄来数目不等的美金,在高二时,我就已经有了一辆不错的跑车。我一直以为,生活会像河流,周而复始地流下去。但高考的意外失利,却给了我沉重的打击。

我闷在自己的房间里,不知道该干什么。闷了一个月,父亲对我说:"去美国吧,找你叔叔。换个环境,或读大学,或工作,重新开始。"

我不愿离开家,父母对我十分溺爱,我不知道离开他们我是否能够照顾自己。但父母极力劝说,并说我已经18岁,是到外面闯荡的年龄了。

三个月后,我坐上了飞往美国加州的飞机。叔叔来接我,这是我18年来第三次见到他,他看上去苍老憔悴,皮肤晒得黝黑。开车走了6个小时,我们终于到达一个小镇,叔叔说这是他暂居的地方——库克镇。

叔叔住着又小又旧的两间屋子。还是租来的。屋子凌乱不堪。没有一样像样的家具。叔叔说最近经济状况有些问题,他一星期前才搬来这里。我问他是不是破产了。叔叔摇头，说以前的合伙人骗了他。那是个日本人，两人在合开公司时因为叔叔没有绿卡，法人代表写的是日本人。他们白手起家，生意慢慢做大。几个月前，两人因为经营问题产生了矛盾，再也合作不下去，叔叔想要公司的一半，但日本人却一分钱都不想给他。从法律上讲，公司没有叔叔的份儿。几乎是法盲的叔叔根本没料到会是这样的结局，他把所有的钱都投进公司，吃住都在公司，所以，当他离开公司，差不多就是一文不名。

"以前我能白手起家，现在我照样能。后天跟我去墨西哥边境。"叔叔喝着啤酒对我说。

只休息了一天，我就跟着叔叔出发了。叔叔开着一辆二手的奔驰，车后座上放着许多柳编制品。叔叔以前做的就是这种生意，这次是想重新开拓市场。

边境气候十分燥热，车里空调是坏的，一过上午九点钟，车就变成了蒸笼。叔叔不停地擦汗，不停地喝盐水，不停地教我说英语。行走在广袤无人的沙漠，我突然感到恐慌，如果我们的车坏了怎么办？那只有死路一条。

叔叔开了十个小时的车，终于抵达了雅克镇。我们拿着各种样品挨个店铺去推销，一天下来，虽然累得精疲力竭，但订出了3000美金的货，这让我和叔叔十分兴奋。天黑下来，我正要收拾东西想找家小旅馆住下，叔叔却上了车。

"我们还要赶到下个镇子。如果现在休息,明天赶到那里就已经是天黑了,所以我们得连夜赶路。"叔叔不由分说,催促我上车。

我和叔叔轮换开车,跑了整整一晚,到达了另一个城市。和昨天一样,我们从一家店铺到另一家店铺,因为一晚没睡,觉得一双腿像灌了铅似的。叔叔不停地向人们介绍着柳编筐的种种好处,又环保又卫生。让我感到不可思议的是,他虽然一夜没睡,但推销起商品来,却精神抖擞。

天气热得厉害,一层层的汗冒了出来,我感到头晕眼花。直到中午,叔叔才停下来,买了几个汉堡。我没有胃口,特别想喝妈妈熬的绿豆汤,特别想家。但眼前只有油腻的汉堡,叔叔让我全部吃下去。一片菜叶都不准剩。

天黑了,叔叔收拾东西,又上了车。我吃惊地看着他,问接下来的几天,我们是不是一直都是晚上赶路白天推销?叔叔点了点头。他望着远处说:"我们得在那个日本人的推销员到达之前把所有可能的客户都拉过来。"那一夜。我在车里睡了三个小时。轮到我开车时,我把车里的CD开到最大音量,刺耳的摇滚是提神的良药。我相信这音乐能传出几十公里。

就这样,七天七夜后,我们到达终点。但这是最艰苦的一天,我们走了很远的沙漠,车子因为长途颠簸,已经伤痕累累。我们不敢让车子熄火,如果熄火车子会着起来,下坡路不敢踩刹车,如果车子坏了,我们会在路上被烤死。而更重要的是,走在沙漠里,油表亮起了灯——我们的车快没油了!

太阳像灼热的烙铁,烙过我的全身。我觉得自己就要虚脱了,但是我还要不停地给叔叔擦汗,递盐水给他。我们的车子缓缓地爬过一个高坡,突然看到沙漠中有一家小店,小店旁边就是加油站。这真是救星!店老板是个五十多岁的黑人,他看到我们浑身汗渍,脸晒得黑红,以为我们是疯子。我们要加油时,发现车子的引擎都烧红了,随时都会爆炸,真是可怕极了。

这一趟,我们订出了9万美金的货,利润有4万美金。老黑人让我们无论如何也要在他的小店里住上一晚,休息一下,但是叔叔谢绝了。我觉得自己再也支持不下去了,但叔叔目光严厉,看着我说:"你知道一个晚上代表着什么吗?如果我们休息一晚,货就会迟发一天,迟发一天我们就会晚一些收钱。24小时,存在多少变数?"

回去的路上,车抛锚了,叔叔叫我下来推车,可我已经没有一丝力气,全身都是软绵绵的。我蹲下来,忍不住捂住脸痛哭,我想家,想疼爱我的父母,我诅咒这样的生活。我对叔叔说至少我们可以再回那老黑人的店里。

叔叔下车,怒气冲冲地说:"别指望我会像你父母一样宠你。在这个地方,18岁就要自立。如果你想读大学,就得自己去挣学费。往前推,不准掉头。"

终于回到了库克镇。我给父母打电话，质问他们为什么非得要我来美国，我想回家，我不想呆在这个鬼地方，这七天七夜，简直是死亡之旅，我瘦了15磅（1磅大约等于0.9斤），这儿简直就是地狱。母亲在电话里哭了，父亲接过电话，缓缓地说："孩子，有一件事我必须告诉你。"

我仿佛看到了父亲满脸严肃的样子，心里不禁有些忐忑。他沉默了半晌，说："我们并不是你的亲生父母，我是你的大伯，你半岁时母亲出车祸死了，我们没有孩子，叔叔便把你交给了我们。他每月都寄回美金，是因为我们帮他抚养了你。"

听完父亲的话，我惊呆了。叔叔是我的亲生父亲？我坐在黑暗里，一动不动，我不相信，这怎么可能？不知过了多久，我听到叔叔轻手轻脚地开门，我马上躺到床上装睡。叔叔在客厅给父亲打电话：你们放心，我还能亏待自己的儿子？不逼他长出翅膀，怎么能飞呢？

那天晚上，不知道"叔叔"在我的床边坐了多久，当我睁开眼睛，看到他正看着我，手里拿着一支笔。我支起身来，他对我说："这是我刚来美国不久，几乎花掉身上所有的美金才买到的钢笔，现在我把它送给你。你一定要去读书，要读法学院。"

不想每天都呆在闷热的汽车里去四处推销，我开始拼命读书。"叔叔"用他在边境赚到的4万美金成立了自己的公司，其中1万美金属于我，我占了25%的股份。我每天白天上课，晚上帮"叔叔"打理公司,当一年后我终于考上大学,公司已经初具规模。我自己开车去学校,路上休息时,我拿出了"叔叔"送给我的古董钢笔。那是一支样子粗丑的笔,笨拙而沉重。我不知道"叔叔"为什么要将它送给我。我试图拧开笔帽,发现里面有金的笔尖。宽大的笔尖上有一行小字"Never give up(永不放弃)!"

虽然我来美国的时间不是很长,英语进步得也不是很明显,但是我很清楚,我学会了一种在中国的课堂上学不到的东西——那就是如何去生存,如何去爱。

娘的坚强

我是娘的遗腹子。

爹死于一场飞来横祸，他是在乘凉的时候，被一块从屋顶脱落的水泥块砸中头部的。爹死后，娘就开始遭受到来自爹家人的非难，他们都一致认为，是娘揪死爹的，当初娘就不应该主动和爹好，原因是爹姓梁，而娘偏偏是姓祝，"梁"遇到"祝"，注定结果只能是灰飞烟灭。

这样一个毫无根据的逻辑，却轻而易举地就把娘逼进了死胡同，让她走投无路。无奈之下，腹中还怀着我的娘，不得不自谋生路，靠帮人打零工赚钱。

我快要出世的时候，娘还挺着一个大肚子，用板车给别人拉砖。满满一车的砖，足足有一百多公斤重，娘拉着它，跑得飞快，上坡也一点不含糊。

可是，娘还是在一次下坡的时候出了意外。她没有能够及时刹住自己的脚，惨剧随之发生了，娘先是被板车巨大的俯冲力撞倒在地，尔后，一条腿就被板车无情、结实地轧了过去。娘随即昏死了过去，直到有路人发现她。

娘被人送到医院后，医生摇了摇头说，轧得太狠了，而且送晚了，只有截肢。为了不使腹中的我受到任何一点伤害，医院没有给娘打麻醉药，娘是被绑着做手术的，昏死了好几次。

一个多月后，不懂事的我竟要提前挣脱出来，这次就更让娘遭罪了。当时由于受截肢的影响，娘的整个下半身还都处于无知觉状态，因而无法按正常的方式生产，只有实施剖官产。

像上次一样，娘又被五花大绑了起来，在注射了极少极少的镇痛剂和麻醉药的情况下，痛苦地生下了我。

两次住院几乎把娘的所有积蓄都花光了，当娘欣喜地抱着我坐车回到家的时候，迎接她的却是一把冰冷的铁锁！爹的兄弟，我的那些伯伯、叔叔们没有一个愿意接纳我和娘——本来就不富裕的他们都不愿意惹事上身。

娘只得回自己的娘家。可是，娘也没有什么娘家人，只有一个老实巴交的堂兄。而且，按当地陈腐的风俗，女人是不能在娘家坐月子的，否则，娘家所在的整个村子都会遭遇报应，轻则五谷不收，重则横祸连连。

娘的堂兄只得给娘在村外的麦地里搭了一个矮矮的草棚，四周盖上了厚厚的稻草。当时，正是寒冬腊月，外面一直下着雪，娘就一个人在冰冷的草棚里，给我喂奶，拖着虚弱的身子，挂着木棍下水洗尿片……

也许是上天可怜我们母子，在那样恶劣的环境下，我和娘竟然都活了下来！后来，娘说，是我清脆的啼哭声和天真的微笑给了她与天地斗的勇气。

我满月后，堂舅帮娘做了一根槐树拐杖，从此，娘就在这根拐杖的支撑下，背着我，一步一步地继续生活，挖野菜、拾煤渣、卖桐油果……娘坚强倔强地支撑着我走过一个个透明的日子。

我9岁的那一年，村里兴起一股捕蛇风，有专门的蛇贩子来高价收蛇。一时间，人人都加入到了捕蛇、捉蛇的行列之中，有不少人一个月甚至能挣上千元。看得眼红的娘，就再也坐不住了，竟然也要参与进去！

可是，一个挂着拐杖的人怎么可能捕到快如利箭的蛇呢？

但娘相信她能！并开始挂着拐杖练习——在山地里、草丛中、乱石处快速奔跑。伴随娘的是一次又一次的摔倒，一次又一次的皮破血流！

无法相信的是，练到后来，娘就真的成功了，她的那条拐杖如同完好的一条腿，长在她的身体上，与另一条正常的腿，共进共退，敏捷一致！

娘开始涉足于深山丛林中，专捕那些值钱的蛇，家里的日子也随之一下子宽裕了不少。由于娘的麻利和雷厉风行，在捕蛇的过程中，从不输给任何一个躯体正常的人，因此赢得了一个绰号——"单腿蛇婆娘"。

娘这一捕就没有停下过来。

5年后,娘终于让自己名声大振,她制造了一个特大新闻,而当时的我正在读初三。

事情的起因是,有人传说,10里之外的一座山上,藏着一条有成人拳头那么粗的大蛇,很多人都亲眼看见它在山上游动过。大家纷纷传言,要是捕到那条蛇,至少能卖1000多块。但,风险也是不小的,搞不好,会被大蛇活吞下去。

娘于是就去了,带着干粮,守蛇出洞。

功夫不负有心人,那条大蛇还是被娘等出来了,很粗很长。由于太过欣喜,娘几乎是忘记了所有的恐惧和危险,就追了上去。那条大蛇也不是好惹的,刚一交手,娘就被它死死地捆了起来,但好在娘抓住了大蛇的头部,使它无法张口咬娘,根据多年的捕蛇经验,娘抱着蛇在山上不停地打滚,以此来消耗掉大蛇的劲。最后,终于把大蛇折腾得没有了力气,娘成功地捕获了它。

很快,娘的壮举被人们越传越神,引起了县电视台的注意,电视台的记者带着动物专家特意赶来采访娘。经专家鉴定,娘抓的那条大蛇有很大的毒性,要是被咬上一口,性命难保。记者问娘,你不怕吗,咬上一口,你就没有命了?娘回答:"要钱就不能要命,1000多块啊,哪还能顾得上命啊!"娘的这句话,让围观的人哄堂大笑,而我的泪水已经开始在眼眶里打转了。

记者又问,你这么辛苦,这么坚强地挣钱养活儿子,等他以后长大了，你希望他怎么报答你?

娘说："我哪是坚强啊，我是在儿子面前假装坚强。等他长大，要是有能耐了，给我换一根拐杖就好，现在的这个，头秃了，容易打滑，跑不快!"母亲对着镜头平静地说着，我的眼泪终于忍不住了，一起汹涌而出。

05

只有细节最动人

握　手

　　星期天，两男两女出去逛街。他们不仅是两对夫妻，还是多年的好朋友。他们到了服装城，两个女人很快走到一起，一家一家服装店试着衣服，两个男人则慢吞吞地跟在后面，闲聊着天。终于两个女人在一家服装店里找到了满意的衣服，她们笑着，招手让各自的老公过来。这时地面突然颤动起来，脚底下似乎翻滚着一只巨大可怕的怪兽。屋顶在瞬间塌下，天地间一片黑暗。身边的女伴发出一声惊呼，再也没有了动静。几秒钟以后女人意识到，他们遇到了地震。

　　女人喊着男人的名字，喊着女伴的名字，可是没有人回答她。难道他们已经死去了吗？女人感觉到一种让她窒息的恐惧。

　　女人受了重伤。她的身体被一块巨大的水泥板压在下面，呼吸困难。她试图推开那块水泥板，可是她使出浑身的力气，水泥板还是纹丝不动。这时她的眼睛勉强可以看到一些影影绰绰的轮廓，她发现女伴伏在距她很近的地方，似乎已经昏迷，或者死去。女人喊她的名字，却听不到任何回答。女人休息一会儿，然后努力转动脖子。她发现在她的左侧，多出一堵墙。当然那不是墙，那是掉下来的天花板，它把两个男人和两个女人近在咫尺地分开。女人腰部以下疼痛难忍，恐惧中，她开始了低沉的呻吟和哭泣。

突然，她惊喜地听到墙那边传来了声音。是男人的声音，他正在焦急地呼唤着她的名字。几秒钟以后，另一位男人也轻轻地叫起了女伴的名字。显然他们都还活着！虽然他们可能也受了重伤，但是，起码他们现在还活着！女人高声喊我在我在我在……她听到男人在那边轻轻地咳嗽，似乎他的伤远比自己严重。然后，另一位男人大声问她，她还好吗？

显然，那位男人指的是她的女伴——他的妻子。

可是女人看不到她的样子，更听不到她的声息。女人想摸摸她的手，然而她的身体不能够挪动，哪怕一点点。她把手伸出去，仍然碰触不到女伴的身体。突然她有一种感觉，她确认女伴已经死去。墙那边的他仍然焦急地问着女人，她还好吗？她还好吗？女人想了想，说，她还好……不过她受了伤，似乎很严重……她不能动，也说不了话，不过她还活着，我想她不会有事。

那边的两个男人，都不说话了。他们沉默了一会儿，然后，女人听到自己的男人艰难地说，大家都不用怕，我们很快就会得救……不过，在救援人员赶来以前，我们可能会度过一段最难挨的时间。所以，如果可以的话，我们试试把手握到一起。墙上有一条狭窄的缝隙，女人努力抻长身体，将她的手伸了过去。她的手马上被一只温热的大手轻轻地握住，那手似乎受了很严重的伤，还在流着血。那边的男人再一次说话，他说现在，你可以握住她的手，就像现在我握住你的手一样。女人回答说，好的，现在我握住她的手了。男人说很好。现在，他握了我的手，我握了你的手，你握了她的手，只要我们四个人把手握到一起，我想就不会有事……为节省体力，从现在开始，我们不要再说话，直到有人发现我们……不过记住，每隔一段时间，我们的手就要动一下，以证明我们都还活着。女人和女伴的丈夫一起说，好。只有女人的女伴没有说话——现在女人更是确信，她的女伴已经死去。

他们真的没有再说一句话。只是每隔一段时间，其中一只手，就会轻轻地动一下，然后另一只手，就会轻轻地回应。相握的手成了生的讯号和链条，他们在黑暗中、在静默中互相鼓励。

他们挺过了漫长的三天。三天后，救援人员发现了他们。那时候，女人已经奄奄一息。

四个人，只被救活了两个——女人和女伴的丈夫。她的丈夫和她的女伴，都在那场灾难中死去。

多年后女人将实情告诉了女伴的丈夫。她说当时我真的没有办法，我不能动，我没有办法帮她。其实当你问她是不是还好的时候，她可能就已经死去了……我没有握住她的手，我骗了你……

　　他说我知道……我猜出来了。尽管我希望奇迹发生，希望她会被救活，可是随着时间的延长，我知道这种可能性已经微乎其微。我一直用一只手捂住自己的嘴，不停地哭泣。那时你的男人躺在我身边，他抓了我的手，示意我和你的手紧握到一起。然后他就死去了……他本来就伤得很重……所以，一直握住你的，其实是我的手……我必须让你挺过来，我不能辜负我的朋友……

　　女人说我也知道……我也猜出来了。和你一样，我也一直在无声地哭泣。我和他那么恩爱，是不是他的手，我能够感觉出来……可是那时候，我只能，咬着牙不说出来……是的，我们必须挺过来，我，还有你……

父亲的钢琴

画画对他来说,其实是一个意外。小学二年级那年暑假,他在村外山坡上遇见一位来写生的姑娘。姑娘穿着宽大的汗衫,一边快活地哼着小曲,一边往面前的画纸上优雅地涂抹着绚丽的色彩。绿树红花于是栩栩如生地落到纸上。他竟看得痴了,回了家,他对父亲说,我想画画。

父亲说,你能保证好好画吗?他赶紧点头。父亲不再说话,走进羊圈,牵走家里的奶羊。当时,那几乎是家里收入的唯一来源。

母亲在他三岁的时候撒手而去,他只有父亲。

很快他就发现画画并不像想象中那样好玩。当他上到高中,每天面对一堆冰冷的石膏像时,那种厌恶感便与日俱增,可是他仍然考上了大学,读美术系。尽管不喜欢,但他认为美术将毫无疑问地成为他一生所要从事的职业。因为一只奶羊,因为一个画夹,因为一句不负责任的话,以及父亲的殷切期望。

上大学后,他第一次看到了钢琴。那时很多同学在校外租了房子,他也和一位同学合租了一间简陋的宿舍。他要强迫自己练画,而他的同学,正在疯狂地练琴。他们需要一个无人打扰的住所。

他给那位同学画了很多张练琴时的速写,每画一张,他心中的那根神经就会被拨动一下。终于忍不住了,有一天,他坐到了那架钢琴前。当他的手碰到黑白分明的光滑琴键,心就开始狂跳不止,就像面对一位暗恋多年的姑娘。他想,他的人生,或许会因为面前的这架钢琴而发生彻底地改变。

他疯狂地喜欢上了钢琴,只要同学不用琴,他准会端坐在那儿,一曲接一曲地弹。的确,他是天才。仅用了半年时间,他弹奏的水平便赶上了他的同学。他的同学请来一位老师,老师仅听他弹了一支曲子,便肯定地说,将来必成大器!老师收他当了学生,他却没有自己的钢琴。他的专业是美术,他没有走进学校琴房的权利。只有在他的同学不练琴的时候,他才能弹几下。

后来他发现这不是长久之计,因为那架钢琴很少有休息的时间。而当钢琴要休息时,他的那位同学,同样需要休息。并且,那位同学高他两级,马上面临毕业。这意味着,他能够摸到钢琴的机会,将会越来越少。

父亲从老家来看他,给他带来零用钱和一堆杂七杂八的东西。晚上父亲住在那里,他给父亲弹琴。父亲说,你不是学画画吗,怎么又弹琴了?他说,弹着玩。他想告诉父亲钢琴现在几乎成了他的生命,他想告诉父亲他多么想要一架属于自己的钢琴。他张了张嘴,终于没说出来。

他和父亲挤在同一张床上睡觉。那晚,他翻来覆去,一夜未眠。

　　第二天，父亲要走的时候，突然问他，买那样一架钢琴得多少钱？刹那间他无地自容。其实从昨天一直到现在，他的眼神、他的动作、他的叹息，都在向父亲传达着一个同样的信息：他太想拥有一架钢琴了！这些细节中的任何一个，都会轻易将他出卖，让敏感的父亲洞察。

　　他发誓不再摸琴，可是他办不到。他每时每刻都想扑上同学的钢琴，他说服和欺骗不了自己。

　　三个月后父亲来了。父亲的第一句话是，画画得还好吗？他说还好。父亲笑了，说你骗谁？

　　父亲说，这次来是给你买钢琴的。说完，父亲掏出一个布包，里面包着一万两千块钱。父亲很抱歉地说，只有这些钱，我去问了，这些只能买个最便宜的。他没敢问父亲哪来的钱。他想，就算父亲把家里所有的东西都卖了，也凑不出这么大一笔钱。他和父亲一直没有说话，他们把钢琴搬回来，请人调好，然后坐在那里发呆。父亲说，你不弹一首曲子给我听？他就弹，弹得婉转流畅。父亲听完，拍拍他的肩说，你已经长大了，从此后，自己的事，自己做主。好好弹，当大师，将来开演奏会的时候，我要坐前排。父亲走了，走得很慢，似一位蹒跚的老人。其实，父亲真的老了。

　　本来他已经跟父亲说好了，那个寒假，不打算回家了，因为他要抓紧时间练琴。后来他发现自己是那样想念父亲，就回了村子，却找不到家，找不到父亲。他的家里，住着另外一户人家。村里人告诉他，你的父亲上山了。

村后的山窝里，有一个很大的石子场。几个月前，父亲卖了房子，住到了山上。石子场老板也是村里的，经过父亲的再三恳求，他预付了父亲一年的工钱。然后，父亲把这一年的工钱、卖房子的钱和多年的积蓄加在一起，给他买了一架钢琴。

父亲住在四面透风的窝棚里，他比几个月前更显苍老。他每天在山上放炮采石，那工作不仅劳累，而且危险。那天他站在父亲面前，突然想给父亲跪下。最终，他紧紧拥抱了父亲。那是他第一次拥抱父亲，他的泪打湿了父亲的肩头。倒是父亲慌了，他说，你怎么找到山上来了？好像儿子知道了他生活的窘迫，让他深为不安和自责。

回去后他疯狂地练琴，他想早些成名。他对父亲说，等有了钱，他会在城里给父亲买一个大宅院。他相信他能。可是他再一次遇到了麻烦。和大多数人一样，当他的水平达到一定的高度，就开始停滞不前，每前进一步，都异常困难。

有一段时间他想放弃，可是他想到了父亲，想到了父亲那个四面透风的窝棚，想到了父亲苍老的面容。他努力让自己坚持一天，再坚持一天。

终于，在大学毕业后的第六年，他有能力并且有资格开个人演奏会了。可是，父亲已经听不见了。父亲在一次放炮采石时，跑得慢了，出了意外。他的耳朵被震聋了，听不到任何声音了。

他给父亲跪下。他抱着父亲的腿，号啕大哭。父亲说，你现在成功了，能开个人演奏会了，成大师了，我们该高兴才对，你哭什么呢？他不说话，却哭得更凶。父亲说，虽然我的耳朵听不见了，眼睛不是还好着吗？能看到你坐在台上，能看到你弹琴，就跟听到你的琴声一样幸福。

他信，他相信自己的父亲，能用眼睛，听到他的琴声。

他在城市里开了十场个人演奏会，连续的十场，每天一场。他给父亲留了剧场中最好的座位，父亲能够清楚地看到他弹琴时的每一个表情和每一个动作。每天，父亲都坐在那里，安静地看着身穿燕尾服的他，看他的手指在黑与白的琴键上熟练地行走和跳跃。父亲眯起眼睛，仿佛真的听到了美妙的琴声。满足和幸福的表情，在父亲脸上静静地流淌。

其实那架钢琴已发不出任何声音，几个月前它就坏了。他曾试图修好它，可是没有成功。其实有没有声音，对他的父亲来说都是一样的。父亲在意的，只是他弹琴时的样子。可是他仍然会郑重地对所有的听众说，这首曲子，献给我的父亲。我要用父亲送给我的钢琴，为他弹一首感恩曲。

他的个人演奏会，场场爆满。剧场内的每一位听众都在静静地聆听那首无声的感恩曲，然后，轻轻鼓掌。

独 舞

中场休息了。双双对对的舞者退到沿墙的椅上短暂地小憩。乐队奏起了急促的迪斯科舞曲，少数的舞者开始了肢体随意地跳动扭动。一个小个子舞者面冲乐队舞动得最欢。他一会儿四肢不动，只把臀部扭动得像一只固定在一个支架上旋转的球体。一会儿又把四肢伸开蹦动着重叠一起，又急遽分开。一会儿他又像滑冰运动员做出滑行、摩擦、挪动等体育舞蹈动作。

他穿着一身白装，在朦胧又闪着光亮的舞厅里便有些显眼。

中场休息结束了。乐队奏出曲。椅子上的人们站起来，男人们把舞伴拥进了怀里滑进了舞池……没有舞伴的男人把目光投向四处，看有没有单一的女性。那个一身白装的小个子也把目光投向四处，然后走向一侧坐椅上一位单一的女性。他向她伸出了手臂。这位端庄的中年妇女微笑着礼貌地拒绝了："对不起，我不会。"他又朝离这位妇女不远处的一位单一女性走去。这位打扮入时的小姐没等他来到跟前先一扬脸，一扭头给了他一个侧面。白装小个子只好再往四处看，他看到一位肥硕的单一女人猫着腰眼馋地盯着舞池里的一双双挪动的脚。他走到她脸前。她觉得视线被一片模糊的白挡上了才抬起了头。看到有人邀她跳舞,她受宠若惊地站起来。站起来后高他一头。他们还是跳了,她肥硕的身材几乎把他拥在怀里,她粗壮的腿也几乎总碰撞他的小腿,她总想笑。一想笑,就把头低下来,一低头便看清了他的脸。好丑!好黑的一张脸!她把脸扭向别处,闯入视线的是一双双一对对挺拔、靓丽的身姿,就是不特别挺拔、靓丽的也是顺顺溜溜的……哪像他们?她赧然想离开他了。终于舞曲结束,她逃脱般地摆动着身体朝别的地方走去。

又一支舞曲响起。是慢三华尔兹。那个白装小个子又朝四处看,又走向坐椅上零零散散的单一女性……又是遭拒绝。就是肥硕的女人都没接受他的邀请。他只有一个人把胳膊做出拥搂状穿行在双双对对曼舞的人流里。

晓华下岗后一直郁闷地待在家里。于是,她被邻居李玉拉到了舞厅。李玉已经有几年舞龄了,往往是她把晓华扔一边说:"你先看着学吧。"就满面春风地与人共舞去了。晓华一点也不会,她只有坐在一个角落里欣赏着面前跳舞的男男女女们。

那个白装小个子的举动晓华都看得清清楚楚。她更看清白装小个子有一双畸形的腿。当他舞时还不太明显,如果他朝某位女士走来,走一步,双腿就弓成一个大大的O形,又复原又弓成个O形。矮小的个子,畸形的身材,的确很不雅观。

晓华就这样在舞厅角落的椅子上呆了一个时期,然后被李玉拉到了边线椅子上,边线椅子比较明显了,那个白装小个子朝她走来了。"这位女士,邀你跳支舞好吗?"他语言很轻,透着温雅。晓华第一次被人邀请跳舞,她手足无措了,脑子全然没有他的形象给她的印象。"我不会,真的。"晓华慌乱地说。"谁开始都是不会的,我教您!"他很诚恳地看着她。晓华心里一跳,这么长时间在舞厅看人跳舞,每当舞曲响起,每当男男女女起舞,她的心旌也被勾得直摇。可哪有人愿意与一个生手共舞呢?谁到舞厅来不都想痛痛快快地大舞一顿?就连李玉也从来没教过她。现在竟然有人想教她了!她慌忙站起来,他一只手扶住了她的腰,一手轻拉起她的一只手。晓华只觉得脸热了,她还不习惯与男人近距离的接触。

"别慌,先学慢四步。"他彬彬有礼地说,"迈左右脚,一,二,三,四……"他轻拖着晓华往前走。"嗯,嗯……"晓华随着他的指点答应着机械地迈着脚。"对,对,就这样,接着走。"他耐心而一丝不苟地指点着。

当一支舞曲停歇,李玉气喘吁吁地走过来,看见他们便说:"晓华,跟他学吧,这位是王大哥。我就是他教会的。"又冲王大哥嘻嘻地一笑。"你这位姐妹很灵,会很快学会的。"他说。"有您教,多笨的鸭子都会飞起来的……"李玉拍拍晓华的肩,又冲他笑。又一支舞曲响起时李玉又旋进人流中。他和她又开始上课。

整场舞他都在教她。

散场后,他送她到门口说:回家复习复习,再来,再继续学。"那当然喽"李玉代晓华答道。

晓华再来,他仍然教。再来。他仍然教。一段时期过来了晓华学会了"慢四""慢三""伦巴"。当学基特巴时,他的舞步让人眼花缭乱。晓华学得腰酸背疼,浑身冒汗。基特巴的花样舞步多,他就一种一种地教。又一下一下地带她跳……晓华在他不厌其烦的言传身教下终于学会了。

晓华终于也能像李玉那样在舞厅曼舞了。她和白装小个子共舞的时候脸上透着开心的笑。白装小个子的脸上洋溢着幸福的笑,这一时期她成了他的舞伴,这个舞伴从来没拒绝过他!晓华虽然到了中年,但身形保持得挺好,紧身衣裤也更衬托出她的年轻气,与这样的女人共舞,他心满意足!

这天,一支舞曲结束后,白装小个子客气地对晓华说:"晓华,你坐下歇会儿,我去方便一下。""你去你的。"晓华微笑着一点头,退到椅子上坐下。一支舞曲响起了,白装小个子还没有回来。一个高个子男人朝晓华走近了,向晓华伸出了手。晓华犹豫了一下还是站了起来。

高个男人带她跳舞时,晓华却不时地扭头朝白装小个子去的方向看。她看到白装小个子回来了,双手托着两瓶矿泉水,他到了晓华刚才坐的位子,呆愣了一下,然后又把目光投向舞池。晓华的心咯噔一下扭过了头。高个男人好像明白晓华和白装小个子的心境，微笑着轻拽晓华滑向舞厅的另一侧。

舞曲停了，高个男人指着一处空坐椅温柔地对晓华说：请坐！晓华没坐，想回到刚才的位子去。高个男人友好地拍了一下她的肩，晓华只好坐下了。高个男人也挨她坐下。

歇了舞曲的舞厅清晰亮堂了许多，几米外的距离彼此也能看清面孔。白装小个子沿墙壁的坐椅寻找晓华了，他从这一端走向另一端……乐池里"管号"的调音"嘀嗒嗒——"伴着他的脚步。他看到晓华了，晓华也看到了他。他冲晓华举着矿泉水瓶欣喜地笑，晓华站起来。"嘀嗒，嘀嗒嗒——"这时"管号"发出了一连串的鸣响！"嘟！嘟嘟嘟"跟着萨克斯管也悠扬地鸣起了！接着其他乐器也鸣奏开来！很像是大森林里一只头鸟引颈高歌，跟着百鸟合鸣！大森林里一下沸腾了！这是一首基特巴舞曲，急骤欢快，把男男女女们都卷进了舞池！高个男人拽起晓华双手也滑进了舞池……"晓华……"晓华听见白装小个子冲她喊，"谢谢！"晓华也扭头冲他喊，他们的声音都被淹没在轰鸣的乐曲声中了……

高个男子舞得相当优美，晓华只有把全部思绪投入进去，才能跟得上！她不再想他了。当森林里的鸟终于停止鸣叫，高个男人冲她笑道：你跳得不错！"嘻！"晓华也兴奋地笑了。

在下面的舞曲中晓华一直与高个男人共舞，她没再看到白装小个子。

在舞厅的玻璃门口晓华看到了他。他冲她摆手,晓华在玻璃里看到他的样子很机械。她冲他赧然一笑,晓华在玻璃里看到自己的笑尴尴尬尬的。她与李玉骑车走了,高个男人骑车追上了她们……直到走出岔路口才连连摆手而去。"新舞伴?嘻……挺帅的!"李玉取笑她。"去你的!"晓华只觉得脸有些发热。

当晓华再来到舞厅时,在门口看到了白装小个子和高个男子。白装小个子冲晓华欣喜地点头,高个男子却大步走过去拽起晓华的手。晓华跟着高个男子走进了舞厅,偶一回头看到白装小个子垂着头,头边一绺毛发搭盖住眼睛。

偌大的滚灯在舞厅圆形屋顶上旋转,它把赤橙黄绿青蓝紫的光泼溅出来……从屋顶泼溅到墙壁,从墙壁又泼溅到舞者身上脸上。然后在地上打个滚,又回复到屋顶。再从屋顶往四处泼溅……如此循环往复,把舞厅泼溅得光闪闪,亮斑斑……

这又是中场休息的时间了。乐队又奏出急骤的迪斯科舞曲了,白装小个子又出现了……他面对乐池扭、跳、蹦、旋,手舞足蹈!他一刻不停。渐渐地其他的舞者停止了扭动,又慢慢往后退,退出一个圆圈。偌大的舞厅只有白装小个子在舞!他的舞是优美的,撼人的,也是滑稽的。当他做出很惊险的动作时,又是很恐怖的。转动的滚灯把赤橙黄绿青蓝紫的光芒泼溅到他身上,他立马便变幻成了一张晃动的七彩画片,这七彩画片给人的感觉有点鬼怪精灵的样子!

这鬼怪精灵在用他的舞倾泻他的情！倾泻他的怨！倾泻他的"孤独"！

晓华认识了一些姐妹，从她们嘴里知道了，她们都是白装小个子手把手教会的。一茬又一茬，学会了后便投入到别的男人怀抱了。而白装小个子始终没有一个舞伴。听到这里晓华就不禁咬咬嘴唇把目光投向舞厅四处。她想看到白装舞者，可她始终没看到他！

后来听说白装小个子的老伴病了，他日夜守候在老伴跟前。后来又听说白装小个子的老伴死了，后来又听说，他也病了……再后来，从舞厅老板的嘴里知道了确切的消息，白装舞者，把偏单楼房留给儿子，在乡镇买了一所农家小院，而这农家小院离这儿并不遥远。

李玉、晓华和其他几个姐妹打扮得光鲜鲜的去了。大门虚掩着，她们推门进去了，从一扇木门里传出了缥缈的乐曲声，她们寻声走进了门口，啊！她们看见白装舞者正在舞蹈，他怀里，有距离地搂抱着一个人形纸板。他满脸微笑对着人形纸板，与人形纸板轻轻跳舞。她们换了一个角度看人形纸板的正面，竟看到是晓华的身形、脸面。晓华几乎要啊了一声。"还有呢！"是谁轻轻说了一句，姐妹们把目光向屋里看去，房里摆了一圈人形纸板。她们从纸板上都看到了自己的身形脸孔……

她们没进去，悄悄退出来，退出了大门。

晓华却掉了一滴泪，从此她再没去舞厅。

朋 友

到天水送兵,下了火车又坐上去清水县的汽车,下了汽车离兵的家还有20多里的土路,此时已是饥肠辘辘,但看看天已到下午,只好忍饥赶路。

走了四五里路,饿得实在支撑不住了,便跟兵说找个地方填填肚子,兵说这一路一家饭馆也没有。没办法,只好走进村庄敲开一户人家。

这一家只有爷孙俩在家,孙子有六七岁大,爬得满身是土,爷爷穿着羊皮袄在晒着沙棘棘。我们说明了来意,老汉把我们领进屋里,倒上两碗开水,端出几个馒头和半盘土豆条,跟我说"晌午吃的就剩这些了。"摸摸都是凉的,我跟老汉说"大爷,给做点热的吧?""热的?"老汉看看我,犹豫了一下,"热的就要收钱了,"我说"大爷,你放心,不会亏了你。"老汉又犹豫了一下,说:"羊肉吃得起吃不起?"我说"行,就做两碗羊肉汤吧。"老汉看我答得这么爽快,好像哪里不放心,又说一句,"吃羊肉可不便宜。"我说"行,你放心地去做吧!"老汉"哦"了一声。牵着孙子的手就走,走了两步又折回头来,说

"还要两个饼子吧？"我觉得老汉有些啰嗦，便说"行行，一切大权交给你了，怎么做都行。"老汉又"哦"了一声，才领着孙子进了柴房。

约摸半个钟头，老汉端上来两海碗羊肉汤和两个厚厚的饼子，我们实在饿急了，扑扑嗒嗒就吃。老汉则坐在一边抽烟袋。抽一口看我们一眼，然后塌下眼皮再抽，抽了十几口，突然声音很高地问我们，"羊肉汤味道咋样？"我们说挺好的。他吸了一口烟，继续垂着眼皮说"我这汤虽不比集上卖的，料子可是放全了的。"停了停，又把眼皮塌下，说："肉还行吧？"我们说还挺多的。他依然不看我们说："我这羊肉在集上两碗也放不完。"过了一会儿又问："馍还行吧？"我忽然明白老汉这是在委婉地谈价格，我说"大爷，您老人家就不用绕弯子了，您说个数吧。"老汉笑了，在脚上磕磕烟锅，说"好，一个愿打，一个愿挨，我就不客气了，两个人六块，"并用手比划着，一副公事公办的样子。"六块，"我忽然有点转不过弯，我本认为老汉很会做生意，并做好了应付挨宰的准备，谁想这个"天文数字"原来只是"六块"，六块说实在的有点太少，单就这么一碗货真价实的羊肉汤起码也要值上十元钱。我正欲说什么，我的兵用肘捣了捣我，示意我我们现在是买方与卖方。

一碗羊肉汤吃得浑身直冒汗，没有零钱，拿出拾元的票子让他找。老汉接过钱在太阳下照照。他照什么，我似乎明白又不明白，只是有点忍不住想笑。大概认为钱是真的，老汉把钱揣进怀里，然后就浑身摸。没摸出钱，摸出一个塑料袋，抖了抖，到筐里装了满满一袋沙棘棘递给我，"钱都让娃子他爸给锁起来了，用这袋沙棘棘顶你看行不？"我有点发懵，我的钱怎会这么值钱了，拾块钱吃了一顿饭还拎回这么一袋沙棘棘，吃饭是小事，可这沙棘棘是名贵药材呀，在药材市场上一斤起码也得上百元，这一袋少说也有一公斤。我想老汉会不会把票子当成一百元了，连忙提醒他，"我可是给了你拾块钱呀。"老汉好像有点不好意思，低着头嘿嘿笑，然后声音低了许多地说"我知道我知道，可我算了算你们也亏不了多少。也就是一块两块，我用驴车再送你们一下不就行了……"我有些愕然，想再说些什么，我的兵已在我背后狠狠地拧了一把，这兵，我真想一口把他吃了，不过，也许我们真的是纯粹的买方与卖方。

坐在老汉的驴车上，一路上和老汉谈得很投机，兵也和老汉的孙子逗得很开心，拿出一些吃的东西给他吃。见老汉的一只手揣在怀里，以为他冷，脱下一只手套让给他。老汉不要，把手抽了出来，过了一会儿又把手插了进去，再抽出来时把那张拾元的票子也给抽了出来，并塞向我，"不能要不能要，都成朋友了哪还能再收你的钱！"我不知道再怎样用脑子思考了，只是条件反射似的把钱再塞给他，说"大爷，没有多给你，收着吧！"的确是没有多给他。我这一让他反而更来了劲，一下直直地塞到我怀里,"不行不行,哪能收朋友的钱!"我再塞给他,他又塞过来,直到最后我塞到他怀里并用手捂住他的手他才作罢,然而嘴里却不停地说"真不好意思,都成朋友了还收你的钱……都成朋友了还收你的钱……"

听着这声音,我真的再也不知该怎样表达了。

一包一美元的种子

几年前,当我在南太平洋岛国塔希提首都帕佩特时,手头非常拮据,我以每月3美元的价钱租了一所离城约3.5公里的房子。虽只有一间房子,四周却有两英亩肥沃的土地。我决定搞个菜园。

然而种菜的经历令人失望。无数的小红蚂蚁搬走了大部分种子,剩下的好不容易冒出点绿色,又被螃蟹吃光了。但我决心再试一次。于是又向美国邮购了1美元的种子。不过,当我清除杂草时,发现蚂蚁和螃蟹早已在等候了——看来我只好靠写作维持生计了。

那天下午,我正在除去生锈的打字机上的污垢时,住在附近的一名叫霍浦生的中国人驱车经过。我知道他有个菜园子,便叫住他,把种子给了他,并告诉他每个小包里包的是什么种子:莴苣、扁豆、南瓜、西红柿、玉米。他咕哝地问道:"多少钱?"

"不要钱,"我回答,"就算我送你的礼物。"他的一双黑眼睛闪着光,但没用其他方式流露出感情——中国人总不习惯于拥抱之类的礼节。

我立刻忘掉了霍浦生，因为我满脑子想的都是一个问题，在我能写出一篇文章或小说并把它卖出去之前，如何用128法郎——约合5美元——生存下去。即使文稿寄到美国后立即发表，在至少3个月内，我没有得到支票的希望。

3天后，我正在搜肠刮肚地写一篇文章，忽然听到有人敲门。来人是霍浦生，他带来了三个西瓜、一瓶酒、一篮子鸡蛋和一只母鸡。"一点小意思。"他说，说罢就匆匆地走了。

他慷慨的礼物无异于救命之物。我立即计划美美地吃一顿鸡肉，可转念一想，又把鸡拴到院子里的木桩上，用食物喂它。

从新西兰去美国每月一次的轮船应于次日清晨抵达帕佩特。为了省钱，我决心亲自步行把文稿送到船上。天快亮的时候，我到了帕佩特，这时轮船正在进港。我默默地祈祷了一番，把那宝贵的包裹寄了出去。这时，一位秃顶、矮胖的中国人过来问我："你认识霍浦生吗？"

这个人说他叫李胖子，是霍浦生的朋友，在帕佩特开了家商店。霍浦生曾写信告诉了他种子的事。我早晨坐公共汽车走后，李胖子便走了。然而我到家下车时，司机交给我一只箱子。打开一看，里面装有巧克力、坚果、一瓶酒和两件丝绸睡衣，还有一张小卡片，上面写着："霍尔先生，这是给你的，李胖子。"

这段时间里，我专心致志地养鸡、写作，差点忘了李胖子的礼物，直到有一天房东和他的孩子们来串门，我便和他们分享了那瓶酒，把李胖子送的巧克力拿给孩子们吃。

第二天一大早，我在门廊上发现了一些香蕉和橘子等。从那以后，我再也没有缺过水果和鱼，全是房东送来的。这得归功于霍浦生。

如今霍浦生的园子丰收在望，他既是一位园丁也是一位面包师，因此每周4次他总在我门前留下一个松脆的面包或馅饼——无论我说什么都不能减少他对那包种子的感激。

在我第三次去城里取邮件时，那位女职员说没有我的邮件。我刚要走，她却又问了一次我的名字，并说："有你的信，欠邮资50生丁。"付完这笔邮资，我只剩下一枚25生丁的硬币。幸运的是信封里有一张500美元的支票——我的稿子被采用了。

对我来说，这是一笔可观的财富。我可以回美国去了。临走那天，霍浦生和李胖子为我送行，送别的礼物是一篮子西红柿和10个玉米——用我送他的种子种出来的第一批果实。

在船上，我请服务员把玉米煮了作为我的午餐。饭桌上唯一一位同伴又高又瘦，他连头也没点就一下坐下了。从他看菜单的表情，我判断他是对食物方面特别挑剔的人。这时，冒着热气的玉米端了上来，他惊讶地瞧着，然后便毫不客气地吃起玉米来。吃完第三个，他又伸手去拿另一个，说道："服务员，这些玉米是从哪儿来的？菜单上没有啊。"

"它是您对面那位先生的一份礼物。"他很快扫了我一眼，"那就请接受我的谢意吧，先生。"他说。我离开时他还在吃玉米。

半小时后在甲板上，他朝我走了过来。"年轻人，那玉米真好吃，"他说，"我吃了6个！要知道，我的胃不好，玉米是吃了不至于胃痛的少数几样食品之一。你是怎样得到的？"

我向他谈了美丽的塔希提岛和岛上的居民。他非常感兴趣，问我想没想过把这些写下来。我解释说写作是我的职业。于是他看了我6篇短文，然后问："4篇不错。你要多少钱？我忘了告诉你，我是美国一家报社的经理。"

我想问这4篇短文一共要100美元是否太多，他却先开口说："每篇给你150美元，而且我想请你去报社工作，满意吗？"我承认，这太令人满意了——的确如此。送人一包种子作礼物所带来的一连串好运气恐怕是难以估价的。而这一切都来自一包价格仅一美元的种子。

只有细节
最动人

谁能说她不优秀呢？漂亮、有文凭，还有一份令人羡慕的工作。但是，她二十九岁了，婚姻问题却还没解决。要知道，早些年总是她在挑选别人，包括因她而骄傲的母亲也常常为她参谋。

第一位是个军人，母亲说你怎么能忍受两地分居的痛苦呢？第二位是她的同事，但是他却是农村出身，没有钱，买不起结婚的房子。母亲说，嫁这样的人，要受一辈子的穷。

于是，她放弃了。

对她的刺激是，这两位可以成为她男友的人，现在生活得都不错。一位军队转业，分到了金融系统工作。一位则考取了研究生，有了一个美好的前程。

她有时恨自己，并且迁怒于母亲，如果她坚持自己的选择，也许会很幸福。

她在30岁时候的一次同学聚会上，认识了一位校友。校友已是一家小公司的老板，读大学时，曾是她的追求者，不知什么原因，他至今仍是独身。

那天，他们谈了很多。她回来后，才发觉自己很久没有像今天这样开心过,并且想起以前的一些事。

他们开始交往,很快进入了状态。

他很喜欢她,也尊重她的母亲。但是,她的母亲对他并不满意,说他举止轻浮。母亲极力反对女儿和他交往。

这一次,她没有听母亲的话,和母亲大吵一场,搬出了家,并且很快就与他结了婚。

她的选择是正确的,他为人诚实,并且他的公司发展很快,资产总值已达到了几百万。看到女儿幸福,母亲也原谅了她,并且重归于好。

有次她问起母亲,为什么说他举止轻浮。母亲说:"我们第一次一起逛街,他在我的面前竟然勾你的肩。"

她回来向丈夫说起,丈夫听了,想了一会。他说:"记起来了,那次我是拍拍你的肩,让你不要走得太快,你母亲跟不上你了。"

她听完后,就呆住了,她为自己的选择感到庆幸,是啊!自己总不能老是跟在母亲的后面。

阳光的皮肤

莱斯小姐要求全班学生,用一句话来介绍各自的国家,这是每学期开始时的惯例。"我们是一个大家庭!"她说。

米妮来自荷兰,她对自己的表达能力总有十足的自信心。她站直的时候,饱满的胸脯挺得老高,说"在我们那儿,田鼠都冻死了。"我羞于朝她看。毕竟大家都使劲地长成了大人。她的金发闪闪发光,至少对于我一位黑孩子是如此。

米妮的介绍带着欧美白人的那点幽默,没有人不承认她的介绍很棒。莱斯小姐满意地点了点头,看着她的学生坐下去。

"夏天就要来了,可南半球准备过冬,大家知道,我来自阿拉斯加。"这样介绍自己国家的,是美国男孩蒂姆迪。他是一个坦诚的孩子。

"活儿干不完,一辈子让人着急不已,"这一定是日本学生,他们的国家从日出忙到日落,连走路的步子都比别人快半拍。除非你不打开电视机,日本电影和电视里总有人头攒动的镜头。日本国就是这么富起来的吗?可不要让他们都给累死啦——我在心里祈祷。

"整个地球都可能穿我们的服装……"这是法兰西小姐的介绍。

"噢,我们有向犹太人道歉的必要,因为他们与其他民族一样,以善于思辨的头脑让世人刮目相看。"这是德国孩子的思考和自豪。

"金顺玉,你们的国家是不是让眼泪流成了美丽的河?是不是?"调皮的新加坡学生李德远不介绍自己,却点名问起人家。"哈,哈哈——"许多同学都笑了起来,也是,朝鲜人在银幕上几乎是哭着演完故事的。

叫金顺玉的女孩子也不示弱,给了他一记回击"我听说呀,有一个俄罗斯人早上想逛逛新加坡,不料他刚一抬腿,人还没全醒呢,可他的一只脚已踏在越南的土地上了!"

"呀,哈——唔——"整个班级像开了锅,大家叽叽喳喳抢着站起来"介绍",别提多兴奋,别提多活跃了……

我们是一个国际少年班,54个孩子来自32个国家,其中20个是我们南非人。莱斯小姐所说的很对——"我们是一个大家庭"!

"家庭成员"的种族不同,文化不同,历史不同,还有信仰不同,喜好也不同。但我们是优秀的。这不,上周末我们还接待了来自欧洲的青年代表对学校的访问。我们班代表全校!在我们中间,没人能找出一个留级生!

"家庭成员"的肤色不同。性格也不同，对待事物所持的态度也必然有不同。你看，又有人接着介绍自己了。

"请各位都闭上眼睛，先闭上眼睛。闭上了吗？"说话的是女生娜塔莎。"唔——噢，噢——哈——噢，噢——这就是方才那只北极熊的声音。我们的总统曾当过间谍，不，管理间谍队伍，他的柔道很棒！"娜塔莎是俄罗斯人，她身材高大，漂亮，美中不足的就是长得很胖。使人想到"二战"后，一连生下36个孩子的英雄母亲！

"我想跟大家讲一个故事。"这一定是中国孩子江宁，他的聪明的脑袋里今天又会给我们一个什么样的故事呢？中国孩子江宁说"很久很久以前，东方有一头大狮子，他睡呀，睡呀，睡了近五千年，有一天它醒了……"这是一位哲学家的话，中国的确是一头猛狮，它一旦苏醒必定要震动这个世界。另一个孩子站起来，以诗的语言作了补充介绍"有两条河从我母亲身上流过！"莱斯小姐指着那个中国孩子问大家"知道么，两条河流的名字？"

"扬子江、长江……黄河！"几乎全班同学一起喊，语言清晰，声音洪亮。

我的心一抖。从一开始，我就思考，我将如何介绍我的非洲，我的南非？

这时，我发现非洲孩子桑巴哈站起来，他的左肩低了些许，哦，他的脚有点拐拐的，我知道。半晌，他开不了口，为什么？是不是被什么噎住了喉咙。他终于作了介绍"我们还很落后，缺水，奇缺！还有战争！"

他坐下去时，我从眼睛的余光里发现他的两眼红红的，有一种闪亮的东西。

现在轮到我了。我站起来，但我没有想好，真的。

我向左边望望，身边有我的一国同学。我又向右边望望，也有。但我不能说话。莱斯小姐鼓励我说"多列尔，假如没有想好，不打紧，慢慢说。"老师总是如此善解人意。我吐了吐舌头，开始说"我们的国家，很美。但还有问题，有暴乱，有前总统夫人的绯闻，还有种族歧视。前不久，我和母亲上公园，一不小心，我踩着一位白人的脚了。他大骂我'黑鬼'！'猪'！我真想狠狠地揍他，揍死他！可我咬咬牙，忍住了。因为，他同我是一个国家的公民。我想他有一天会醒悟。我是黑皮肤，我也想象一切美丽国家的美丽的公民一样，自由、高昂着头生活着。母亲告诉我，南非人也是很美的。我们是黑皮肤，可它是阳光的皮肤！"全班同学都静下来，听我的介绍。我最后以一句话作了自我介绍"我相信他会明白南非！"

大家憋住了呼吸，甚至憋住了心跳，即刻向我报以热烈的掌声。我不禁热泪盈眶。

转身
即是天涯

苏生的走,让一切就此落幕。就像是看一场电影,屏幕上打出"END",观众纷纷起身离开。而她,不肯走。执意不肯走。一个人留下来,从头看起。

回忆,就是这样的吧。

[01]

她不是一个很有才情的女子,但她喜欢探究那些美丽东西的来处。所以,16岁那一年暑假,她报名参加了一个美术学习班。那一年,是1986年。

她与他就是那一年相识的。他是班里绘画最好的。那时的他已经工作,在一家提花设计厂做图案设计。那一年,他24岁。

她是班里最小的,也是最爱提各种问题的那一个。教绘画的老先生觉得她的问题实在太简单,就指派得意门生他坐在她的身边,回答她那些刁钻幼稚的提问。她早已知他叫苏生,早已知他是绘画最好的,但她还是本着少女的骄傲说:"我叫杨梅，你呢？"

从此，他受尽她的恶作剧。不是一个转身后，画得好好的画变了样，就是刚刚画好的画不知怎么就署上了她的名字。她没见他发过一次脾气。他总是笑着摇摇头，继续做他自己的事。

也许他心里明白，她还是懂事的吧。画具买来都很贵的，她常在不经意间就带来双份，然后给了他。她知道他穷，家里瘫痪的父亲和读书的弟妹都靠他一个人。

美术班她一学就是两年。高考落榜那天，她心里不是很烦闷，意料中的事情，她一向不是一个优秀的学生，但她还是按着他的嘱咐打电话到他的单位。她说："都因为你，叫我坚持学画画，现在好了，我落榜了。"他愣了好半天，才说了一句："我供你重读。"

掷地有声的那种承诺。

她轻轻挂了电话。家里的环境同时供10个她重读都有余。而他，她太了解了。老先生曾私下告诉她，以他的能力，早就可以不必再来学习的，他却宁愿每天不吃午餐也要省下学习的钱。若他再供她读书，他又要省下什么？

不用他说出来的，但她懂，他之所以一直读美术班，不过是想与她在一起。

18岁，心事猛长的年纪。她懂得他。

[02]

她是懂得他的,但当老先生代他向她表白的时候,她生气了。她嘟着嘴说:"我刚刚18岁,刚刚高中毕业,还没有工作,我怎么能这样做呢?"老先生很有耐心,只让她记住一点:人生的机缘稍纵即逝,不会为任何人停留。

她相信的是,那个为了她宁愿不吃午餐的男子,可以等她一辈子。

得知她拒绝,他还是一副好脾气,他说:"你现在还小,我不想吓到你。我只是想告诉你,等你长大后,考虑这个问题的时候,能记得我,能把我放在你的条件之中进行选择。"他让她去做自己想做的事情。

她是点头的,点头的时候,心里恨他太为她着想。她不是不想同意,但她要有足够的尊严。

她拒绝,只是希望他能亲口对她说。

一时找不到工作,她就待在家里。每天她只做一件事,把买来的一大堆素描纸一张张分开,而后在上面细细刷上清油,拿到太阳下去晒。再然后,用纱布过滤从附近工地要来的粗沙,把细沙均匀地撒在上过清油的纸上。最后的工程就是把这些成品油画纸送到他那里。她说:"我闲嘛,这样很好玩。"

他只是看着她笑。很幸福很踏实也很坦诚的那种。

他们是彼此懂得的。

那是1988年夏。

[03]

她最终凭着一手绘画本领被一家单位的团委招去，且从一开始就得到重任。因为工作原因，她开始四处出差。他的信总是四平八稳地等在她出差归来的日子。同一座城市，他们见个面不是很难的，但他一直坚持着他说过的话，让她看到更多的天空，让她有足够的时间去享受青春。他或是太疼爱她了吧，他总希望她得到的是她想要的。

当她因为工作太忙，因为世界一下子在眼前变大，因为身边的人一下多了起来，而压了两封信没有给他回时，他的信就不再来了。等她惊觉再写信过去，才知他已换了工作。

消息就是这样断的。

[04]

她来不及伤心。身边的男子围得太多，打发他们需要很多的时间和精力。他慢慢地就成了她记忆中的哥哥。

1992年,她跟朋友去跳舞,玩得正欢的时候,有人喊她的名字,她抬头,大叫:"苏生。"他走过来:"你还没忘记我的名字。"

　　他还是那个样子。而她,已出落得美丽异常。他再次留下了她的地址。

　　见到他,她只是兴奋,久别之后与亲人重逢的那种兴奋。她的身边依然是那么多优秀的男子。这是一个让她发愁的问题,她没想过让他再来凑这个热闹。

　　他写信来,还是那么的有分寸,不多问也不多说,倒是常有一些让她爱不释手的画夹在信中。他知道,她就是扔掉他写的信,也不会丢掉那些画。

　　而这一次的联系,并没有坚持多久,她被调到外市任重职。为她辞行的人很多,那段日子时间总是不够用。等她到了新的城市,熟悉了工作与环境,才想起来,他的地址,她忘了带了。纵使带了又如何?四年不曾相见,她正值青春,而他,已经老了。她才22岁,他,已经30岁了。

[05]

　　常常以为生命中的人或事,就是这样消失的。然而,她与他却不是。

1996年6月,她回到家乡。她已是一个月大孩子的母亲。身体恢复得不是很好,她坐人力车去医院。途中,车突然就坏了,她只好下车,却看到路对面有一个人很眼熟,想都没想,她脱口而出:"苏生。"

正是苏生。时值流行在玻璃上作画,苏生与朋友合开了一家玻璃制品公司。刚刚开张一个月。

苏生不顾同伴提醒客户正等着他,坚持陪她去了医院,又把她送回家。苏生对她说:"你的女儿真美,像你呢。"她沉浸在做母亲的喜悦之中,连谢都没有对苏生说一句。

苏生偶尔会约她喝茶,偶尔也会打电话问候她的近况。她絮絮叨叨地向他说着女儿成长的每一个细节。苏生只是听。像10年前听她提问题那样,耐心地听。

1997年,苏生没有任何原因,离开了这座城市。走的时候,给她的女儿画了一幅素描。她不同意他放弃经营得好好的公司,不同意他背井离乡。她说:"你的家人怎么办?你妻子怎么办?"直到这时,她才知,11年来,他都是一个人。一直都是一个人。挽留的话,她再说不出口。

再次回来,相隔不到一年,他开着自己的凌志车,人也分外年轻。他在大连已经发展得很好了。

她终于说出让他娶妻生子的话。他说:"婚姻就是一辆车,上晚一次,不怕上晚第二次。"她再不敢开口。

[06]

他不常打电话给她,但每两个月,有事没事,他总会开着车回来看看她。每次相见的时间都不长,但给她的感觉很舒服,近30岁的女人了,有这样懂得尊重她的异性朋友,是很难得的。

但她,最终还是决定放弃。

那是1998年底。

当他打电话来,告诉她新的手机号,她没有记。时值下岗风起,她和丈夫虽然可保住工作,但薪水已不再风光。她调到别的工作岗位,换了另外的城市,她没有告诉他。

1999年夏,他还是打听到她的去处,打电话给她,说他出差在她的邻市,很快就过来看她。听着电话那端他清晰的"喂",她恍如隔世般。

[07]

又是三年。

2002年5月,长假,他打电话过来,说自己出了一点车祸,正在医院。等一出院,他就来看她。她问:"严重吗?我去看你?你住哪家医院?"她听得到他在电话那端的笑声:"不用,没什么事。我妹妹在我这儿,有人照顾我。"她放下心,嘱咐他好好看病。

第三天,有陌生女人来找她,女人说:"我是苏生的妹妹。我哥哥在给你打电话的当晚就走了。这是他留给你的东西。"

是记载他们相识这16年来的5本日记,和一条珍珠项链。

她才知道因为她为人母的幸福,他才远离这个城市去了大连。才知道,珍珠项链是他在最流行珍珠的那一年在香港买给她的,却一直没有勇气送。才知道,就因为她一直告诉他,她过得很好,他才一直对她没有别的要求。

她希望他得到幸福,他又何曾不是。

眼泪是第二天才流下来的。

她记得很清楚,从始至终,他没说过一句:我爱你。

她也没说过一句:我爱你。

06

永不变更
的地址

不懂什么叫放弃

　　1941年的一个清晨,他的母亲正在为他准备早饭,一群荷枪实弹的警察突然闯进了他的家,砸碎了房间里面所有能够看得见的东西,并且给他的母亲带上了手铐。因为他的母亲是反战联盟的一员,写了大量反对德国纳粹的文艺作品。

　　——他哭泣着去拉母亲的衣角,希望能够和母亲一起被带走,可是蛮横的警察却推开了他。他的母亲对着他大喊:"不要哭!男孩子需要的是坚强,记住了儿子!等着妈妈回来和你在一起,记住了,再苦再难都要等着妈妈。不能够放弃!记住了吗,儿子,活着就永远不能够放弃。"

　　——母亲被带走了,当时他只有4岁!4岁的他茫然地看着遭洗劫的家,他不知道自己今后的生活如何过,自己要等待母亲到什么时候?

　　——他开始四处流浪,寒冷和饥饿不时光顾他的身体,他只能蹲在街头的一个角落里,碰巧这天运气好的话,他能够乞讨到一块面包充饥,如果运气不好,他只能拼命的喝水。这些还不是令他痛苦的,最让他痛苦的是那些比他大的乞丐经常找各种理由欺负他，每当被人打得发晕的时候，他就想到死，但这时候母亲那双看着自己的眼睛就在脑子里面显现。他就对自己说："妈妈一定会回来的，我不能够放弃！"

——晚上睡在桥洞里的时候，他就会在心里呼唤自己母亲："妈妈，你在哪里？"而这个时候，他的母亲正躺在慕尼黑附近的达濠集中营里，已经被折磨得奄奄一息，他母亲心里同样在想着他，并且也对自己说不能放弃，永远不能放弃！

——终于，美国大兵打开达濠集中营的大门，从成堆的囚犯尸体中发现了他的母亲，并且迅速送往医院抢救。一个月后，他的母亲刚刚恢复了一些体力就固执地要求出院，并且对医生说："我不能再住在这里了，我要去找我的孩子！"

——4年，整整4年！他的母亲不知道能否寻找到他，他的母亲一个城市一个城市疯狂地找，最后在一个街头的角落，他和母亲同时认出了对方。但让母亲惊呆的是快9岁的他，瘦的已经没有了人形，并且正发着高烧，母亲抓住他的手，他从嘴角挤出一丝微笑说："妈妈，我终于等到你了。"说完他就晕了过去。

——母亲把他抱到维罗纳的医院，医生都不敢相信，这个体重只有20多斤的孩子竟然快满9岁了。严重的营养不足加上发烧正在摧毁着他的身体，他的母亲天天都拉着他的手在他耳边说："好儿子，妈妈回来了，我们不能够放弃，永远不能够放弃！"就这样他在维罗纳的医院躺了一个多月，终于缓了过来。

——他的母亲从他住进医院的着这一天,就决定了要带着他投奔在美国从事物理研究的哥哥,因为母亲不希望他未来的生活再次出现颠沛流离。

——在美国,他对学习展现了极大的热情,并且在哈佛大学取得生物博士学位,开始了人类遗传学和生物学的研究。也许因为幼年时那段苦难生活的磨练,他在自己的研究工作中即使遇到天大的困难,也从未没有产生过放弃的念头。

——他就是2007年诺贝尔奖获得者、美国犹他大学医学院人类遗传学与生物学杰出教授——马里奥·卡佩奇,人们在他获得诺贝尔奖后采访他,他笑着对采访他的人说:"我为什么成功?就因为我从来都不懂得什么叫做放弃!"

请让我离开你

他那时还是一个小小的银行职员,而她只不过是他的储户,手里捧着一大堆整理得齐齐整整的零钞。他从没有见过像她那样脱俗清纯的女子,他不是那种没有见过美女的人,也谈过几次有花无果的恋爱,他不知道当时是怎样数完那些钱的。他的双手在不停地颤抖,满脑子嗡嗡作响,心律几乎失常,她的钱与她的人一样整洁干净漂亮,应该是好数的,而他那天不知怎的,竟破天荒地数了半个多小时。

他开始暗恋她,一周没看到她来取钱,就心怀不安,一到周五,他总是抢着当班,就是为了看到她。看到她,他就有一种满足感,一夜睡得也安稳。他没有去找过她,她还是一个中专生,18岁的年龄,他知道读书生活的苦,他也是从苦读书过来的人。所以他认为,自己不应该在她本该读书的美丽年华,在她这一张洁净的纸上,涂抹不该有的颜色。自己现在所能做的,只能是悄悄地爱她,尽一切可能帮她毕业。

通过多方打听,得知她来自那个有巴山夜雨的穷困山区,家里还有读书的弟妹,她在读书之余还要出去打工,她手中的那一堆堆零钞都是一家人的救命钱。为了她，他开始戒掉烟，尽可能少买那些名牌服饰，那几年，他以不留姓名的捐款方式把钱悉数打在她的存折上。有一次，她前来取钱，他看到她的手指包扎着一小块纱布，他问她怎么了，她的一滴晶莹的泪珠儿瞬间滚落下来，出门这么远，除了父母，至今还没有一个人这么关心她，她抹了泪笑笑，说："不要紧，是学车时不小心弄破的，谢谢！"

他却把这件事放在心上，提着一大包东西去看她，但是没有进校园，他不想影响她，只是在一张小纸条上写着注意休息之类的话。

他在痛苦里煎熬，思念日趋缠绕着他，他有几次想冲动地去找她，但是看见她安静地坐在教室里认真地看书，就又悄悄折了回来。

可她却找来了，在他下班的路上，她对他说："你别瞒我了，我一开始就知道是你。从你望着我的眼神中。"他哭了，为了她与他的心有灵犀。他知道她是来告别的，她要回到家乡去，她说她的父母早已为她说了一门亲事，她说这话时涕泪滂沱，说那家人有钱，对她病重的父母一直很照顾，没了那家人的支持，也许她的兄弟姐妹就不能读书，而她，也难以在这里与他见面。

那天晚上，他喝得大醉，眼里布满红的血丝，像红色的闪电，她看着心疼，脸上洒满了泪水。最后，她扶他回到他的单身宿舍，他口里不停地呼唤着她的名字，一声声"我爱你"，如泣血，如针扎。她知道，他怕他醒时自己已离开。他昏沉地睡在那里，恍惚地听见扣子不停脱落的声音，在静静的夜晚清脆地盘旋在地板上画着圈儿回荡。他睁开蒙眬的双眼，发现皎洁的月光穿透窗纱，她一丝不挂地站在他面前。他趔趄着扑下床，扯下床单裹在她洁白的身体上，轻轻地揽住她，说："你走吧，走吧，你不要这样，你这样，会让我一辈子更忘不了你，一生都难过，是我心甘情愿，我不需要你的报答。你走吧，走吧，好好生活。"

后半夜，下起了大雨，远方传来了轰轰的雷声，还有闪电。他知道，有些爱情，年少的他们无法承担，她的爱，那么决绝那么沉重那么隐忍那么痛，是自己肩负不起的，是注定无法改变的，她只一句话，就足以令自己的爱情梦想灰飞烟灭，就已把自己的一生拒于千里之外。

许多年后，他去三峡参加一个高层会议，在宾馆山脚下的一所小学前遇到了一个女子，怯懦地喊着他的名字。而他是以行长的身份前去考察的，随他前往的还有他的一大群手下，娇妻慧子。他盯着她的眼睛看了她好半天，在过去的回忆里努力地搜寻着，实在是想不出肿胖得出奇的她，是谁？他怎么会在这里与这个又黑又胖的女人相遇？

直到转身，他才恍然大悟，狠狠地打了自己一嘴巴，怎么会是她？

一夜，百转千回，辗转反侧，尽是她少女时代的倩影，多年的情愫像烈日下的柴火，凭一抹记忆的亮点在漆黑的夜晚"轰"的一声点燃了，整个巴山的脊梁像一只冲天而起穿越千万年爱情时空的巨型火鸟。因为她，他在妻子的面前隐忍了对她多年的思念。他不能跟妻子说起她，说起她，只会让妻子笑自己无知懦弱。他也不再跟任何人说，任何人都不会相信，还要嘲笑他当年在那个夜晚——那么好的良辰美景那样的青春年少，怎么会不能成事，谁信呢？他痛苦了多少年，而她却不知道，他痛苦自己为什么当初没有留住她。

天亮时，他拨通了宾馆的电话，询问她的名字，才知道她在那所小学教书。服务员说："别提她，她现在可惨呢，她患了多年家族遗传病，传女不传男，医生都说没法治，一个人孤孤单单地生活了这么多年。她一直没有谈过朋友，听说在读书的时候，有一个单位十分好的男孩看中了她，她没跟，她却跟身边的人不停地说那个男孩怎样怎样对她好。说到底，她怕害了别人，连累了人家。她回乡后，大家都知道她的病根，没有一个男人敢要她，真可怜。"

他的心被蜇了一下，眼泪止不住流了下来，他的相思成灾再怎么痛苦，也没有心上人痛苦啊！天亮时，一个服务员敲开他的房门，递给他一个信封，要他上车再打开看它，他照办了。车启动，巴山蜀水渐渐模糊，连同模糊的还有那个岁月中她的影子，他知道这多年的痛苦令上苍开眼，让他从思念的泥沼里跋涉过来了,他甚至怀疑,她是否真在他的生命中来过?也许,她不该来啊!

他轻轻地启开信,里面有一张纸条,显然被眼泪浸渍过,那是他多年前在她手指受伤时写给她的,反面有一行字:对不起,有一种感恩叫离开!忘了我吧,忘掉所有,今生我报答不了你,就让我们来生再续前缘……

背过脸去,他把那团纸揉成一团,随手丢在朝东嘶吼的江水里,仿佛这样一丢,就丢掉了年少时他的为爱痴狂,中年时对愁滋味的欲说还休。妻子看见一夜间渐生白发的他双眼含泪,说,你怎么了?他苦笑了一下:"没什么,我忘了给山下的人道一声谢谢,错过啦,错过啦……"

在大雨天倾听罗比的哨声

1998年,我们所在的坎南布可州经历了百年难遇的大旱。因为长久不下雨,所有的井都已干枯。庄稼在烈日的炙烤下,变成一堆土灰。灼热的风将土灰吹得漫天飞扬,也把我们的希望吹得支离破碎。旱灾让农庄蒙受巨大的损失,日子过得异常艰辛,连日常用水都要限量。

一天早晨我打开窗帘,看到邻居家4岁的小侄子罗比。他的父母在一场突如其来的车祸中撒手尘寰。虽然罗比侥幸活了下来,却变成了哑巴。医生说,罗比因惊吓过度产生了语言障碍。罗比的姨妈收养了他,可是她家本来就有4个小孩,罗比的到来无疑是件不太愉快的事。罗比的姨妈总在抱怨:"是的,他可以发出声音,不过不是人类的声音。这样的孩子一点用也没有。"

可是为什么她看不到罗比身上的亮点?罗比天性善良,每天早晨,都会小心地舀起一碟水,坐在门口的台阶上,他会发出类似蜜蜂展翼时的"嗡嗡"声,把干渴已久的蜜蜂吸引到身边,喝他节省下来异常宝贵的水。

他的姨妈暗示过许多次,希望我和汤姆能收养罗比。那个干旱的夏天，我对汤姆说，我想把罗比接来，至少和我们度过夏天。汤姆有些犹豫。当罗比的姨妈听说我们有这个意向时，她急切地找上门来，把孩子交给我们。

我清晰地记得瘦小的罗比脸上无助仓皇的神情。他的脖子上系着丝绳，绳上套着一个手制的哨子。这是汤姆去年给罗比做的，怕他迷路或遇到危险。罗比非常清楚这不是一个玩具，只能在紧急情况下使用，如果吹哨，我和汤姆都会飞跑过去。

罗比每天一早就会起来帮我一起拾掇小菜园。他把洗脸、洗菜、洗碗用过的每一滴水都用勺子和小碗收集起来，给青菜浇水。因为罗比的悉心照料，小菜园在大旱中保持着青绿，当邻居家的菜园全都干枯时，我们的菜园成为邻居们惊羡的绿洲。

罗比对小菜园感到非常骄傲，尽管是极其缺水的时期，我们还是尽量让它保留下去。但是，没有降雨，小菜园很快会消失。那晚，汤姆走进厨房，把洗过的盘子放进碗橱，对我说："天气愈发干旱，我们自己的生活都很困难……"我心跳加速，我很担心他说要把罗比送回去。没等汤姆说出第二句话，我们突然听到院子里传来一阵尖锐的哨声，"上帝，是罗比的哨声！"我们飞快从屋里冲出去。哨声越来越急促。我惊恐万分，罗比一定遇到了响尾蛇。我们跑到院子，罗比正激动地指着天空。

我抬头望着天空，看到了让人振奋的一幕——雨云，一团巨大的乌黑的雨云正在向我们这边移动！"罗比！快！把盆子、水桶和盘子都从厨房里拿出来！"

当所有装水的容器都搬到院子里后，罗比跑回房间。然后拿着3个木头勺子跑了出来，递给我和汤姆一人一个。接着，他用手捧起熬汤时用的大锅，放在身前，然后虔诚地盘腿坐在地上。他拿起木勺，用自己的节奏，轻轻敲打汤锅。汤姆和我也一人拿了一口锅，和罗比并排坐在一起，按照他的节奏开始敲打起来。

"为罗比下雨吧！为罗比下雨吧！"我一边敲打，一边唱着。

一滴水掉进罐子里，接着是另一滴。很快整个院子浸润在雨水中。汤姆抱起罗比，在罐子旁边跳起了舞。罗比也高兴得手舞足蹈。突然，我听到他喉咙里发出的声音，声音越来越大，这令人太难以置信了，奇妙的"咯咯咯"笑声。汤姆把罗比抱过来，罗比的头向后仰着，他在放声大笑！我紧紧抱住他们，泪水混着雨水尽情地涌出。罗比放开汤姆，抱住我的脖子。"沃……沃……沃比的。"他嘴里含混着说道。他伸出一只小手掬成杯状，去接天上掉下的水珠，他又"咯咯咯"地笑了。"罗比的……爸爸妈妈"，他一只手抚摸着我的脸，一只手拉着汤姆的手说道。汤姆从我手中接过罗比，猛烈地亲吻他，我知道，此刻他同我一样，深深地爱上了这个孩子。

怀念那一年

很少人知道我当过中学语文教师,因为相对于二十来年的记者生涯,它太短了,仅一年。

可我经常怀念那一年。

1983年,刚走出大学校门的我,被分配在市里的一所中学教初一的语文,还兼着班主任。

生性率直的我,感觉这个不苟言笑的职业太痛苦了。初来乍到发生的一连串的事情,更让我手足无措。

那个时候,校方规定学生一律不得穿牛仔裤上学。每天早晨,校门口就守着几位拿着小本的值日生,将穿牛仔裤的学生拦住,劝他们回家换服装。有一天,值日生将穿着牛仔裤的我给拦住了,问我是高中部哪个班级的学生。恰好有个老师经过,给我解了围。她一边陪我上楼,一边语重心长地对我说,老师应该给学生作表率,"你看看,全校的老师没有一个穿牛仔裤的。"

第二天,我就换了一条黑裙子,女老师常选择的那种。黑色常常代表庄重。穿了裙子的我又在走廊上给老校长叫住了,他和蔼地提醒我,是不是把披在肩上的长发扎起来,因为校方也要求女生不能留披肩发的。还说,有个班主任反映,她班上有个女生不肯剪去长发,并振振有词地辩解"范老师也是这个发型"。

我一听,也觉得事情严重了。仔细地留意了一下女老师们的发型,她们都像一个理发师剪理的,短发齐耳,唯一的装饰品也仅是一枚黑色的细细的发夹。

在大家的劝说下,我下课后就走进了学校附近的一家理发店。那时还没有发廊这一说。

理发师是个胖胖的妇女,她用手托起我长长的黑发,有些不忍地举起了剪子"你可考虑好,这一剪子下去,就像脑袋掉在地上,可是接不起来的噢!"

我咬咬牙没有吭气,只听剪子在我的脖后连续发出冷冷的"咔嚓"。女理发师从镜子里发现我的眼泪夺眶而出,以为剪到了我的头皮,后来她理解了我的疼从何而来。从小到大,我都梳着清汤挂面似的长发,上面也曾留下了姥姥温暖的手温,此刻,它们一起飘落在地。

老校长再次碰见我,很满意地夸道"好!"。我的目光凝视着操场上一排绿化树,它们被修理齐齐整整,宛若一个笼里蒸出的圆润的大馒头。

剪了短发的我,在同行眼里仍然不像个老师。至于老师应该是个什么样儿,他们也说不太清楚。

有一天,我正在教室上课,点起一位同学回答问题,那位同学可能上课分心了，回答得南辕北辙，我忍不住想笑，但内心有个声音严肃地提示我：老师不能当着学生笑。可是他慌乱的第二次补答，更是让人忍俊不禁，我实在憋不住了，放声笑起来，后来竟伏在讲台上直不起身。课堂当然解了大禁，那个同学也和大家一起笑得前仰后合。这一切恰恰被在走廊上巡视的老校长看见。

当然，我受到严厉的批评。老校长是个非常敬业的人，一生严谨，腰板挺直，灰白的头发纹丝不乱，藏蓝色的中山装的领扣从来都是严严实实的。老人的心地也非常的善良，只是常常出格的我，不能不让他伤心。这让我很过意不去，又奈何自己不得。

每天早晨，校园仅有的一副乒乓球水泥台桌常常被高年级的学生霸占着，初一的学生只能眼巴巴地看他们打球。我想了一个主意，从此早晨早早地赶到学校，将自己的大包往乒乓球桌上一撂，俗称"占台子"。胆子再大的学生也不敢和老师争桌子。于是，我们班的学生终于有了摸摸乒乓拍子的机会。他们有时也嚷着让我上阵，但很快就将我打得落花流水，我只好重新排在队尾。上课的铃声一响，大家比赛似的朝教室飞奔，有时装备课本的包会遗落在树杈上，学生会气喘吁吁地拎着它追上来"老师，你的书包！"。

老是抢占乒乓桌，也不符合我常常给学生讲的机会均等的道理。后来，我鼓励大家跳绳。可是没有人天生爱甩绳子，尤其是孩子们。自然，天天给他们甩绳的还是我。当长长的绳儿在空中划着优美的圆弧，荡起孩子们银铃般的笑声，我感觉自己正穿过长长的时空隧道，回到了欢乐的少年时代。生活的阴云也暂时一扫而空。

当学生在操场上游戏的时候，老师们在走廊上摇头叹息，他们怎么也没想到，学校费了好大的劲才争来一个年轻的大学生，偏偏分来个仿佛永远长不成人的我。

直到期终考试的时候，我们班优异的成绩才让大家放下心：还好，没有误人子弟。

而这一年，也发生了不少令我至今难忘的事情。

有一次，上课铃响了，我夹着课本进教室，发现室内乱成一锅粥：一个瘦长的男生举着根布拖把当长剑，将同学们撵得像燕儿飞。平日他也令我有些头痛，不是上课打呼噜，就是将纸团冒充小白鼠塞进同座的衣领里，吓得同学哇哇大哭。

这一回，我不再放过他。大家都各就其位之后，我生气地请他站起来，接着像老师惯常做的那样，让他放学后请他的父亲到学校来。他一听请家长，倔强地昂起头："我没有父亲"。"那就叫你的母亲来。"我依然不饶他，他低下头不吭气。半晌，有个同学轻声地说："老师，他也没有母亲"。

我愣住了，不知道该如何是好。同学们仿佛为我打气，纷纷举手"他还有个叔叔！"我终于可以下台了："那好，让你叔叔来一趟。"

下午放学了，学校很快静如空巢。我独自留在办公室等他的家人。黄昏将临的时候，还未见他的人影，我准备收拾东西回家，正欲下楼的时候，却震惊地发现他背着一个老太太艰难地登上了办公室所在的四楼。

"她是我的奶奶。"他吃力地放下背上的老人后，抹着满头的汗水喃喃地介绍。我赶紧将老人扶到椅子上，递上了一杯热水。还未等我开口，老人就哭了，告诉我，他的父母自他刚会学说话就离婚了，谁也不肯要他，一直跟着叔叔和她过日子。他叔叔是习武之人，担心这个没爹没娘的孩子受人欺侮，便教他拳脚功夫。由于恨铁不成钢，平日下手那个狠，谁见谁怕。如果让他叔叔知道了他在学校不听话，又难逃过一阵暴打。所以，奶奶代他叔来见老师。

我开始后悔自己随意请家长的轻率。老人说，他功课不行，但是孝顺老人却在邻里是出名的，担心她这双小脚行走不便，先是用三轮车载她走，又硬要背着她上楼，也不怕人见了笑话。

那个黄昏，我们仨坐在办公室聊起了家常，我也谈起了我的姥姥。后来，我们仨都流泪了。他更是哭得像个娃娃。

从那之后，他渐渐变了。虽然学习成绩还是不尽如人意，但上课的眼神却是专注的。我知道他在尽力。

这一年，我在学校过了第一个教师节。手里捧满了学生送给我的贺卡。那一天，也是个黄昏，围着我的同学渐渐散去。一直夹在人群中的他似乎等待着这一刻。他腼腆地走近我,从口袋里掏出一把炒黄豆塞到我手里,然后飞快地跑了。

握着这把尚带有体温的黄豆,刹那间,我热泪盈眶!

这学年的最后一课结束了,当清理书本的时候,发现书本里夹着一张纸条:亲爱的姐姐,我们都认为你的长发好看。署名是——全体同学。

就在新学年即将开始的时候,我接到了刚复刊的《武汉晚报》发来的录用通知,心里却有一种怅然若失的感觉。

办完调动手续的那天是个雨天,校园正在上课,操场上空无一人。我撑着伞缓缓经过草坪,向校门走去。突然楼上的走廊传来一阵喧哗声,不少学生竟从教室里冲出来,纷纷跑下楼,向我奔过来。老师不知道发生了什么事情,也纷纷地冲出教室,劝阻他们的狂奔。

我与其说感动,不如说被这一幕惊骇了,焦急地挥着双手大声地劝他们返回教室,他们不听。围住我的学生兴奋地告诉说,有个同学在教室敞开的后门里发现了我,率先跑了出来,于是我来学校的消息便传遍了整条走廊,原来我教的初一那个班级已经打散,分到了初二的各个班级。

学生们的这种送行方式自然太出格,经我的央求还有校园门卫的干预,他们最终返回了教室。从教室传来的训斥声,我知道他们在这节课的命运。

当我离开校门的时候，回转身望见教学楼的阳台上站着一个老人，那是老校长。他的发丝愈发地白了，但腰板还是那么硬朗。我猜想他一定看见了先前发生的那一幕，抱歉地欲向他解释，他摆摆手示意我不用解释，像个孩子似的向我顽皮地一笑，缓缓地作了个手势，好像对我说什么。雨大，我没听清。

他大声地重复，我明白了，他说我的头发长长了。

多年之后，我看了法国影片《放牛班的春天》。影片讲述的是一位善良的教师怎样用音乐的力量感化了一群顽皮的学生的故事，剧情是在那个教师离开学校的时候结束的：他走出校门的那天，孩子们正在上课，当他怅然若失地提着那口简陋的皮箱拐过教学楼的时候，忽然从窗口里飞出阵阵天籁般的歌声……

我的眼睛和那位男教师一起湿润了。

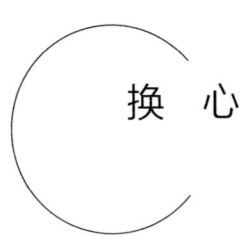

换 心

我是带着灾难来到这个世界的。

我两个月大时,随着一声重重的叹息,医生在病历上写下了先天性心脏病的判决,并断言我活不过20岁。

五彩斑斓的童年,我记忆中印象最深的是父亲紧锁着的眉头和母亲的泪眼,还有白大褂、点滴架以及病房里那一大片阴冷刺眼的白色。

父母带着我,每走一步都很艰难,他们时刻都能感觉到死神的威胁,但他们从未放弃过抗争,这是一场必败无疑的命运的搏斗,他们为我耗尽了心力。体弱多病的妈妈终于在我3岁那年一病不起,竟走在我前头了。

一位平凡的女性接纳了我们这对多灾多难的父女,那是我的继母。她使这个破碎的家庭重新沐浴在女性慈爱的光辉里。

也许是从小就感觉到自己与别的孩子不一样,我常常独来独往,性格孤僻,但直到一次不小心摔坏了一个小伙伴的金鱼缸,才从她母亲恶毒的咒骂里知道了关于我生命的全部实情。

那时候我已8岁。

那时继母生的小妹妹已经会唱好听的歌了。

大家都说这个人见人爱的妹妹是上天给父亲的补偿。她自小聪明乖巧，又长了一张极其精致的脸，活脱脱一个古典美人胚子。她给父亲苦难的生命带来了无限的乐趣。她像一朵吉祥的云，飘在我们的头顶。从此，我家的天空出现了温暖的霞色。

然而，我只是这个逐渐幸福起来的家庭的旁观者，这种幸福不属于我。我在这个世上的日子过一天便少一天，谁也不知道我每次昏倒后能不能醒过来。眼看着这个美好的生命在我眼前欢蹦乱跳，人们对她的赞美折磨着我的神经，我越来越嫉妒她，恨她，恨这个世界。

上帝只给我20年或者更短的生命，还夺去了我的妈妈。而妹妹是这样的健康美丽，这样的无忧无虑。凭什么她的命就那么好？凭什么我要受苦？我满腔怨愤，整天阴沉着脸，向每一个与我接触的人发泄仇恨，要么把自己关在房间里不吃不睡不说话。好端端的一个家让我弄得阴云密布，父母还得处处小心，生怕说话太重又刺激了我。

偏偏这个妹妹又格外的大度，从不计较我的坏脾气，只是一门心思地对我好。父亲经常要出差，我一发病就全靠她和母亲照顾。母亲是一个责任心很强的中学教师，有时候她有课不能请假，妹妹就围起了围裙，脖子上挂着钥匙，小小年纪就像模像样地当起了家。

就这么磕磕碰碰的,我居然活到了19岁。同时,我也走到了生命的尽头。我的心脏已经衰弱到了极点,我经常昏倒,日常生活都少不了人照顾,市里最大的医院把我作为活标本收下了,我认定我住进那间白房子里就再也出不来了。

那时,妹妹刚进入她生命中最美的年华,她的美无时无刻不令我自惭形秽,这样的青春,这样的纯净,这样的袅袅娜娜。她还有一副与母亲相比毫不逊色的菩萨心肠,善解人意,任劳任怨又温柔体贴,把人照顾得无微不至,直让我嫉妒之余又心服口服。而医生护士们对她的赞美也使母亲过早出现的皱纹舒展开来。

这个天使般的妹妹成了病房里大家的目光,追逐的亮色。每到下午四点她放学的时候,总有人比我更关心她今天来不来。

一天,在妹妹本该到来的时间里,医院却开进了一辆救护车,车上躺着的是从附近十字路口的车轮下抬起来的妹妹。

那时候父亲在美国讲学,一切打击都是母亲一个人承受。医生神色黯然地告诉母亲:"希望很渺茫,脑部的伤很重。即使能抢救过来,也很可能是植物人或者全身瘫痪。但她的心脏还没受损伤……"

然而,上手术室的却是我。一位护士跟我说:"你母亲是拿她亲生女儿的希望换回你一条命啊!"

我愣住了,忽然觉得我是个罪人。我使亲生母亲为我劳累而死,又使一个年轻美好的生命危在旦夕,我根本就不应该活着!我冲到医院值班室,跪在母亲的脚下说:"让我死吧!我欠你们太多。我可以把所有的器官都给妹妹,只要她能活下来!"

"孩子,把她的心放在你身上,你活着,也就是妹妹活着了。"

当我醒来的时候,父亲和母亲正守候在我的身旁。我紧紧地攥着母亲的手,喊着妹妹的名字,泣不成声。母亲抚摸着我的头发说:"小妹没走,我在你眼睛里看到她了!"

对爱的回报方式

人人都说小美是个太工于心计的女孩子，会在不知不觉里，将你的好学了去，将你的宝贝夺了去，你还温柔地笑着谢她，觉得她是个无法不让人怜惜疼爱的女孩子。偏偏我是个思维简单的人，并没看出小美的品质有多么的恶劣；倒是觉得和她在一起，每天都有快乐可寻，单调的生活，也因此变得有滋有味。所以任别人怎么劝，还是每天早早地起来去图书馆帮她占座，又将她喜欢的豆浆和油条买好了，一路小跑地行至她宿舍楼下，对着五楼的一个窗户，像食堂师傅似的大喊开了：小美，吃早饭啦！

听到喊声的小美，总是穿着性感的睡衣便蹬蹬蹬跑下来，倚在楼门口温柔地唤我"阿宝"。等我在门口站定了，她便啪地亲我一口，这才甜甜笑着接过早饭，喊一声"在图书馆等我"，便小鹿一样轻快地跳上楼去了。我总是边听她远去的脚步声，边意犹未尽地回味着刚才那个甜蜜的吻，而后坐在楼前的台阶上，一直想到她收拾好了，清清爽爽地出来为止。

小美从没有向我提起过她的家庭。偶尔我问起，她也是含糊其辞，说他们只是普通小镇上的工人，在她的人生路上，几乎不能给她任何的帮助。说完了便又笑闹着过来，拧我耳朵，说怎么又不听话，问她不喜欢的问题？怕她真的生气，我就呵呵笑着边道歉边挠她的痒，直挠得她喘不过气来，在我怀里笑得流出了眼泪。那时的小美，总让我觉得心疼，尽管知道那眼泪是笑出来的，可还是会掏出手帕，小心翼翼地帮她擦掉。

小美有和其他女孩子一样的虚荣，爱漂亮的衣服、首饰，可爱的甜点，买很贵的化妆品，听小资味十足的音乐。这些，无一例外地都需要钱来打理，我唯有靠打工和稿费，一一地将她的愿望满足。小美欣喜若狂地接受这些礼物时，除了习惯性地给我一个热吻，还会在我不注意的时候，偷偷在一个小本上将礼物的名称及价格记下来。有一次被我撞见了，她的脸竟是微微有些红，但随即跳过来冲我撒娇：不准生气哦，这是我的习惯，要将每一份爱心记下来，以便永远地刻在心里，不忘回报。我的心，突然地有些痛。我说，可是小美你怎么不明白，我为你所做的一切，都是不需要回报的；哪怕是有一天你伤了我的心，或者，永远不再爱我。

认识小美这么长时间，她第一次这样紧地抱住我，不哭也不闹，只是把小小的脑袋，很安静地靠在我的胸口，像个温驯又无助的小兽，用温柔的牙齿，轻轻啃咬着我的心。

考研成绩下来的时候，院长也找到我，希望我能留本院工作，边辅助他处理好日常事务，边读本院的研究生。这样好的机会，比起去北京读研，当然是人人都想要的。一个从小城市来的学生，在别人都正为一份工作头破血流地拉关系走后门的时候，却一下子被这样的幸福击中，是连我自己，还有小美，都大大吃了一惊的。

但小美并没有跑来向我祝贺。她的考研成绩，没有任何的希望；工作，亦是没有着落，甚至连留在这个美丽的海滨城市的可能，都是渺茫。那一段时间的小美，终日寻不着她的影子。有时同宿舍的哥们说看见她了，身边陪着的，却是举手投足里都极气派的陌生男人。男人眼神里的暧昧，任是定力再强的女孩子，也逃不过。我的心，在别人轻描淡写的叙述里，痛得厉害。我终于发短信给小美，只有冷冷的几个字：我在校门口的茶吧里等你。

见面后小美说的第一句话，亦是冰一样的凉：祝贺你哦，终于有了美好的前程；离抱得美人归的时辰，怕是也不远了。我不看她，说：可是如果没有你，再好的工作，又有什么意义？

"这样好听的话，说了又有什么用？我们上得了一块儿去吗？你又舍不得将这份工作辞掉，或是，让给我……"

我愣愣地抬起头，看了小美足足有一分钟，终于努力地说服自己，对着一脸漠然的小美，轻轻说了一个"好"字。

我将这个决定说给院长听的时候，他吓了一跳。他说，你真的想好了吗？这样的险，不是轻易可以冒的。而且三年后，你研究生毕业回来，院里说不定已不再需要你。况且她值得你那么信赖地,将整个的前程交给她吗?一个人的心,不是那么容易就可以让你看清的。

这样的劝告,我不止听了一次,但还是在院长第三次打来电话让我重新考虑时,微微笑着说了一个"不"字。

毕业前的那两个月,每天都有疯狂的节目上演。我和小美也不例外。我们将这个海滨城市的角角落落几乎都逛遍了,我们在不知名的山顶的松树上,刻下两个人的名字,又用一个大大的心形图案圈起来;我们还在海边写下各自的爱与恨,然后站在远远的礁石上,看海浪一阵阵地涌上来,将这些不肯讲给对方听的秘密,一一地冲刷掉,不留任何的痕迹……

坐火车离开这座城市的时候,我没有让小美送行。她有许多的工作要做,亦没有坚持来送。短短的两个月,她就用她的聪慧,博得了书记和老师们的赏识。甚至有领导,要力荐她进校长办公室去工作了。这许多的光环,终于让我在她的心里,慢慢地黯淡下来。

小美说,三年后我等你过来;可是她不知道,因为一点小小的意外,我终没有通过研究生的复试,唯有回家乡那座小城,去做一名普通的中学老师。

几个月后,我收到一张五千元的汇款单,附言栏里写着:这是一个女孩记住爱的方式,如果你会原谅,就请收下这份小小的回报和歉意。

我将这份汇款单，随手丢在抽屉里，而后请了假，出去散心。火车最终在小美的家乡停住的时候，我的心，竟是很奇怪地，慢慢安静下来，像那碧蓝的天空，和澄澈的山泉，清透，沉静，恬淡，美好。

我踏遍了小美对我讲过的所有的小巷和街道，还有她毕业的那所中学，在那里，我碰到一个白发苍苍的老者，她对这所学校里走出去的优秀的学生，一个个如数家珍。她说，你问的这个林小美，真是个可爱又奇怪的孩子，她让每个人怀疑，却又让每个人那么强烈地想要帮助她。

她的执著与好强，让人惊讶又令人心疼。幸亏她飞出了这个小城，且有了好的工作，可以让她瘫痪在床二十多年的父母，还有痴呆的弟弟，读中学的小妹，终于有了一生的倚靠和支撑……

我很快地坐火车返回去，将那份汇款单里的钱取出来，买齐所有考研所需的资料，在这个淡如水、明如镜的秋天里，为一份不确定是否还能追回的爱，埋头苦读……

永不变更的地址

父亲来我家的次数越来越少了。

以前，他几乎一星期就来一次，见了我先把一沓书报稿费单递到我手里，半喜半嗔地说："本不想来，可是又攒了一堆，我要是不送来，你不就没钱花了？"他的语气有些洋洋自得，仿佛没有他这样频繁地奔波两地，我的日子就没法过下去。

那时候我刚搬到新家，给编辑留的仍然是老家的地址。来了样刊和稿费单，他替我收着，然后每天打电话给我，认真地汇报来了多少钱，再逐一给我读样刊的名字。母亲说，他每次来我家，总是一路大声跟人打招呼，不等人家问，便主动拿出那些绿色的汇款单跟人炫耀：这都是我家姑娘赚的，我得赶紧给她送去。

父亲来的时候总是意气风发春光满面，好像他是我的福星和财神。他清楚我每个月能赚多少钱，所以并不担忧我的生活，我给他买烟买酒买衣服。他也不推辞，很安心地接受。我所有的样刊他都认真看过，并且每天在电话里和我讨论我文章里的情节，以及那些杂志报纸的版式和风格。

后来，我的通讯地址换成了新居的地址，寄到老家的样刊和稿费越来越少，父亲很失落，并且忧虑重重。我往家里打电话，他的话少了很多，末了，他总是迟迟疑疑地问我：还写着吗？我说还写着。钱够花吗？够了。他"哦"一声，似乎放下了什么，又似乎一颗心仍然悬着。

那一次，我回家看父亲，他的脸上不再意气风发，他说：以前，邮递员隔一天就来一次。现在不来了……把你最近写的东西，给我念念……说着说着他的声音就暗淡下来：你不在家。看见你写的那些字，就当看见你一样……

我的心，一下子软下来。一直以为，父亲在意的，是我写下的那些字，能不能为我换来衣食无忧的生活。却原来，那些字里，有着他全部的担忧和牵挂。我想象着在我离开家的这些日子里，他戴着老花镜，怎样仔细地翻阅着那些报纸杂志，从中挑出我的名字，再从一字一句里捕捉我的心情，是快乐还是痛苦，是幸福还是忧伤。他相信，只有文字才能更细微地表现我的喜怒哀乐，哪怕我每天都和他通电话。

我知道，父亲的心，才是我永远的地址。无论我走到哪里，那个地址永远不会变。那个家，始终有一个温暖的怀抱在等着我，收容我的荣耀，或者伤痕。

爱的味道，
不曾远离

他喜欢童年时代在北方生活的每一道关于美味的记忆，那都是他小时候的味道。他希望她可以和他一样喜欢他小时候的那些味道——

北京还刮着风的时候，我就认识了这个男人，他看上去属于任何内心依然存在幻想的女孩子都会喜欢的类型：威武而细腻，俊朗而豪爽，事业成功，重要的是，他依旧年轻。

这是一个生于70年代中后期的伟岸北方男，名叫侯超。

他有个亲密爱人，我不知道她叫什么，他也没有说，他只是说，这是一段自彼此还很小很小就开始的情缘。这里且管她叫"她"吧。

那时他们都在上学，在同一所中学里。他们活得像典型的北京孩子，贫嘴、打架、早恋、无所不干。

那时他身上有着符合女孩子梦想的一切气质——挑衅眼神、邪气笑容、爱打架、讲义气。他身上亦有着女孩子最恐惧的元素——不安定、惹是生非，还有想法古怪新奇。他是学校里老师头疼、回家后家长头疼的那一名。

那时北方的冬天很冷,食物很贫乏。尤其是吃不到新鲜的西红柿,于是人们想出了一个办法,就是在入冬之前,把大量西红柿捣碎装进玻璃瓶子,在蒸锅里加热后,盖上一个胶皮塞密封,就可以保存到冬天了。家家户户都会储存很多瓶,到了冬天每次做汤的时候加上一点儿,非常好吃。

她很喜欢这种食物,就是光打开玻璃瓶子直接吃,都不觉得酸。他知道她喜欢吃,便教她各种食物游戏,不但好吃而且有趣甚至便宜,比如爆豆子,会在舌头上跳舞的海苔等,都是他发挥小聪明独创的美食。她对他也很好,经常从家里偷来他最爱的大白兔奶糖或者话梅糖给他吃,自己只是在一边看。这两种糖在当时都很难买到,许多人家即使买到了也舍不得吃。他自己吃的时候,经常轻轻咬开分给她吃,或者含上很久很久。

她长得很漂亮,学习也很出色,谁也不明白,为什么偏偏看上了他这样的"小混混",而且愿意长久地一起走过一生。侯超说,他自己也不明白,可是他说自己曾经给过她一个承诺,就是"幸福"两个字。

上学的时候没有钱,北方的娱乐活动也是十分贫乏,可是他一直记得那个下雪的冬天,两个穷学生一起手拉手去东四的工人俱乐部看电影——那是他们在一起以来看的唯一的一场电影。

后来她上了大学,他却选择了下海经商。那时的他知道没有钱的痛苦，比如买不了她想要的一切，所以他觉得自己一定要挣到很多钱，起码能给彼此换取更多快乐。虽然，彼时的他，对"快乐"的定义还相当模糊。

很多年后，他也已经富起来，至少能给她买得起一枚漂亮的钻戒。更让他惊喜的是她还没有变，依然如以前一样单纯痴情。甚至，没有嫌弃他的低学历。

为着她小时候最喜欢的味道，为着她依然留恋的校园生活，他在北京交通大学附近开了家番茄火锅店。锅底就是老北京的那种装在玻璃瓶子里的番茄。火锅店没怎么装修，用的都是简陋的小桌子和塑料椅子。空间也很小，四个人坐在一起，都觉得紧凑。他那时在意的，是味道要好。

从开张的第一天起，这家火锅店竟然成了女孩子们趋之若鹜的地方，夜夜爆满。经营餐厅是辛苦活，他日日忙得透不过气来，她也陪伴着他投入其中。回忆起来，他说，那时亦可以算是最幸福的时光吧。

火锅店上了轨道后，两人雇了店长，自己渐渐退到幕后，日子也清闲起来。

本来以为清闲下来，可以多在一起亲热，奇怪的是两个人在一起的时间反而越来越少了。闲不住的她去一家公司发挥自己的才艺，他却每天不是在家睡觉，就是出去喝酒抽烟。

有一天，他的一个哥们儿要向女朋友求婚，来咨询他选什么餐厅好。哥们儿的女朋友一直喜欢这里的番茄火锅。于是当哥们儿问他北京哪家餐厅上档次，够气派够浪漫时，他却要他来这里求婚。

就在这空间紧凑，装修简陋的地方？

那时所有其他朋友都劝那哥们儿应该选择家体面的餐厅，最起码是什么自助餐，或者是东西不一定很好吃，但气氛和情调很到位的西餐厅。可是那哥们儿很快明白了侯哥的意思，把求婚安排在了这里。

一进门，还没点菜，哥们儿的女朋友突然变得很愤怒，站起来拂袖而去。哥们儿上去拉住她，她却眼泪下来了，她说："我跟了你这么多年，好容易走到今天，你竟然在这种地方向我求婚？你不知道别的女孩子的男朋友，都带她们去哪里吗？你是没有钱，还是我只配得上这种地方？"

哥们儿气喘吁吁地喊："你不是一直喜欢这里的番茄味吗？这也是我小时候最爱吃的东西！这难道比不上那些专门骗冤大头的贵饭店吗？"

后来，他俩还是分手了。他揽着哥们儿，没有说话。哥们儿却开了口："也好，这样的女人，将来也过不下去，就是可惜了我专门给她买的八分钻戒。"

回家和她说起这件事，她说"你们男人就是不能理解女人内心的那点儿小虚荣"，并建议他翻修一下火锅店，弄得上点儿档次和情调。她的意思是——既然是女孩们爱来的店,就应该弄出点儿女孩子喜欢的花样。

他想了很久,最后决定保留老店的风格,却拿出一笔资金让她去北京市区东边的新源西里开新店,随便她怎么折腾装修。他说:女人永远只迷恋最华丽的表面。如果还有人要求婚,就去我老婆搞的那家店,肯定只有成功没有失败。

新店开张的那天,他去了。纱幔轻飘、浪漫包间、原木桌椅……这些在他看来就是一个个普通的噱头。可是当他看见收银台附近分别摆放着一盒大白兔奶糖和一盒话梅糖,边上还系着两个人小时候的红领巾和小时候一起玩过的羊拐时,眼睛突然就红了。学生时代的那些回忆和初恋年华的那些情绪,在那一瞬间统统被打开,被放纵。

他想起自己曾经被人问过这样的问题:既然钱可以带来快乐,那么到底是该选择感情还是选择钱呢?其实这个问题不用想了,我们总是更容易被那些自己还不拥有的东西打动,比如,现在没钱的时候,我们就觉得有钱很愉快,可等到你有了钱,发现买LV就像买白菜,买Prada就像买块抹布的时候,你才会觉得只有感情才能带给你真正的感动。

他说,那一刻他才敢确定,那些小时候的味道从不曾远离,就像他和她的爱情。

爱一场

我的同事赵庆华,有点没文化。口头禅是:"你很鸡婆。"

这天中午,一群大龄女无所事事,讨论起"谁是你最中意的男人",睡不着的赵庆华拖着墩布,来来回回走过收款台:"裴沛,你最喜欢哪一型?"

"林觉民。"

"谁?"

"写《与妻书》的林觉民。"

"什么?一起输?"呃,噎住。没来得及痛心疾首,就被墙角的电视牵住了心神,是林溟!以一位环保爱好者的身份在新闻里呼吁,"请大家善待身边的小动物,不要轻易让它们流离失所。"多么好听的男中音,温和的笑容和恬然的气质占据了整个荧屏。

再也找不到比这更让我惊喜的画面了。那一刻,我忘记了自己是收银员小裴。一颗心化作了香格里拉的花海,万紫千红,一齐绽放。每一枚花瓣都诉说一个祈求:世界,请你安静10秒,听他说话。

怎奈赵庆华不识相:"这老兄蛮喜欢上镜的嘛!上周一、昨天,我都在电视上见过他。"

是时候以其人之道，还治其人之身了！我攒齐了全身的力量，发出惊天动地一声吼："你真的很鸡婆啊！知不知道！"赵庆华被吓了个趔趄，赶紧低头，使劲儿拖地板，越拖越远，直到逃出我的愤怒半径。

[01]

19岁前，我喜欢街舞、泡吧、留菠萝头，不肯温驯地面对课本以及人生。偏偏有一天，瞥见了语文课本上，《与妻书》。从此将它揉进心里、揉进灵魂。那个矢志要推翻一个王朝的男子，在冲击总督衙门的前三天夜晚，向深爱的妻子诉说："窗外疏梅筛月影，依稀掩映，吾与汝并肩携手，低低切切，何事不语？何情不诉？"

一纸留书，竟成永诀。后来，他就义，被葬在黄花岗，与"意映卿卿"鸳盟永隔。

就是在那年夏天，约了几个驴友去北方的沙漠穿越。太相信年轻的能量，我没怎么锻炼就一头扎进漫漫黄沙，结果，才跋涉了四个小时就胸闷气喘，伙伴们轮流做人工呼吸。夜色渐浓，队长艰难发言，"不能都困死在这儿，必须保证大部队撤退。"

我心头冷寂。换了我，也宁可当个胆小鬼，不担负大英雄的虚名。一个温和的声音响起："我留下吧。我穿越沙漠好些次了，这类小情况不用惊慌。"昏迷前，依稀记得散去的人群中，一个留平头、穿黄色上衣的男子朝我奔来,他的笑容有一种安静的张力。茫茫大漠只留下这个寡言少语的男子,却敌得过千军万马、四海潮生。

安全返京后,我追在林溟屁股后问:你的MSN号?哈,林溟,原来我们都属虎啊……

妈妈盯着我的背影,眼泪汪汪:"闺女,他比你大整整一轮。"可亲爱的妈妈,在大难来临时紧紧牵住我手的人,只得一个。

所以,我永远、永远,都不要放弃。

[02]

北国秋来早。才18:10分,地安门那一排老屋顶已瞅不见轮廓。蹑手蹑脚地,我推开林溟租屋的门。狭小的30平方米,数十只毛色各异的猫,旁若无人地踱步。把猫粮分发给小东西,拉开睡帘,他那酣睡的样子总让我既陶醉又惊异——即使在这样污浊的气味中,他仍能甘之如饴。这几天,为了考察北京的水质污染情况,林溟蹬着自行车跑遍了圆明园、莲花河和玉渊潭。他太累了。我要为他煲一锅番茄土豆牛腩羹。

今天上班,赵庆华突然没脸没皮地问我:"裴沛,你有没有男朋友?"

"有又怎样?没有又怎样?"

"要没有,那我做你男朋友如何?"

"哎呀,"我叹一口气,"没戏啊。我喜欢的男人,要又有钱又有文化。不仅要会打魔兽争霸,还要懂得子曰诗云;不仅有祖传的平房两间,还要有北三环内花园式公寓一座;不仅有一部电单车,还有一辆自动挡的小宝来……"

赵庆华渐渐黯淡下去的眼神,让我觉得有些残忍。32岁的林溟,又有哪项达标?但既然不爱,就不要留丁点的空间,耽误人家小青年。过了好一会儿,他那黯淡下去的小眼睛又闪亮起来:"裴沛,要不这样,你先去找,这样的男子没准真在等你呢。实在找不到,就回来,回到我这里来。"

一句老土的台词,经由赵庆华的嘴说出来,让人突兀地感动。

我背过身去,把钢镚儿和钞票扔进格子里,也把涌上心底的温暖锁进收银台。人不可貌相,赵庆华其实算得上个好青年。

[03]

志愿者该不该频繁地上镜呢?林溟和他的伙伴争论这个问题。一派认为,非淡泊无以明志,非宁静无以致远。而林溟站在相反的立场,认为必须让更多的公众了解活动的意义所在。心血来潮时,林溟会自豪地向大家推荐,看,裴沛就是环保的范本,不穿皮草、不主张开空调、每天骑单车、国庆节对旅游没兴趣。

于是，在大家的注视中，我也配合地挺起了胸脯：唔，支持环保、支持环保！可是私底下，林溟肯定知道，骑单车，是因为我打不起车；不旅游，是因为四五千元的报价等于我两个月的工资；在妈妈家，我不开空调睡不着觉；皮草，啧啧，披在模特身上的那件紫貂皮简直完美无缺。惭愧啊，骨子里裴沛何尝不是个贪恋奢华的人。但为了林溟，我只得狠狠扼杀自己的小欲念，仨瓜俩枣的工资，随时得变现为猫粮、环保标语小锦旗、番茄牛肉羹。可言不由衷的热爱，终有一天让我露了馅。

电视台请林溟的小组参加一个访谈节目。作为"环保的范本"，我也应邀出席。

访谈进行得很顺利。不料临近结束时，女编导拎我出来单独问话："刚才彩排，我注意到裴沛小姐抄电话号码时，只用了一张纸的一面，就揉巴揉巴扔掉了。请问，这和你们一贯主张的节约能源的口号是否背离？"

"我还注意到，你擦汗用的是面巾纸。为什么不用手帕？"

灯光灼热，而炙热的提问比灯光还灼人，我张口结舌，求助地望着林溟，期待一个有力的暗示。谁知他的眼神落在远方，蹙紧了眉心，好像在责备我的丢脸！我拼命给自己打气，可眼泪还是不争气地流出来。虽万千人，吾独往矣。我终于懂了，那就是有一千个人一万个人，你也得一个人孤独地面对，哪怕僵硬着身子、涨红了脸，也得让全体市民看笑话……

突然，一声咆哮打断了主持人："够了够了！你真鸡婆！"观众席骚动了，一个小青年试图冲向舞台。久违的叫骂、焦急的小眼睛以及他怀里抱的大纸盒，看起来都格外地亲切。夜色中，我坐在"小混混"而不是"大英雄"的单车后座上，离开了演播大厅。

[04]

几天后的国庆节，林溟说他妈妈到北京来玩，吩咐我去接站。你去行吗？我有点感冒。

我和大家约好去长城，号召游客爱护环境。林溟决绝地摇摇头。看着他凛然的表情，我头一回意识到自己在生气，哪怕再微不足道的原则，他也要公私分明，哪怕吃亏与受伤的，是最亲近的人。

可我还是请假接站。下班去看望，老太太留我吃饭，只见几根光秃秃的骨头在油花中晃荡，好多萝卜片在罐子里起伏。"呵呵，我把排骨上的肉全剔了下来，打算等明天林溟回来吃。家里反正也没人，用不着好菜。"

我闷着头吃完"没人"的晚饭，然后回家恹恹地躺在床上发呆。你怎么啦？自从跟了那个谁，就变得像哲学家。妈妈问。

是一个哲学问题。为什么同样一轮月亮，有时候很美，有时候不呢？

同样地，为什么区区一碗排骨汤就葬送掉一场伟大的爱情？

后来，史书上写，林觉民成了奇男子、大豪杰，受万人景仰。他的妻子陈意映呢？那个怀着身孕、被动地与丈夫诀别的女子？她怎样面对曾经执手相望过的花窗和高墙？怎样应对随之而来的搜捕？怎样苦苦侍奉公婆、只手带大儿子？书上没讲。

历史只记载万丈激情、豪迈誓言，不管一寸寸相思，如何春蚕到死、碾落成泥。

我与林溟的伟大爱情，不仅仅是被一碗排骨汤断送的，也断送于"理想"与"庸俗"的距离。当然，也断送于做节目那天，赵庆华怀抱的大纸盒里的一辆"车"：车轮是奥利奥饼干；底盘由雀巢威化搭成；发动机与坐椅靠背，好像是康师傅3+2；车大灯与车尾灯，分别是两枚徐锦记糖果……

"你喜欢的那个姓林的男生，将来肯定能给你一辆很棒的真车，开起来嗖嗖的。这辆嘛，没别的用处，饿起来可以当零食吃。"赵庆华扶着单车笑。很开心的一句话，却足以让我当场落下隐藏了很久的泪来。同时开启的，还有锁在心底很久、自己蒙然不知的感情。

"那林觉民怎么办？你还爱不爱他？"有一天，他担忧地问。

"爱的，当然爱。"那是另一种完全不同型号的爱，是大凡女子对Superman都有的顶礼膜拜。大难临头时，有英雄牵住你的手；平凡的日子里，有一个诚惶诚恐的男子，捧住你纤细的心，那才是最得意的爱情。